工程伪装材料

张乃艳 蒋晓军 朱 旭 编著

西北工业大学出版社

西 安

图书在版编目(CIP)数据

工程伪装材料 / 张乃艳, 蒋晓军, 朱旭编著. — 西安：西北工业大学出版社, 2020.12
ISBN 978-7-5612-7497-2

Ⅰ. ①工… Ⅱ. ①张… ②蒋… ③朱… Ⅲ. ①伪装材料 Ⅳ. ①E941.4

中国版本图书馆 CIP 数据核字(2020)第 259726 号

GONGCHENG WEIZHUANG CAILIAO
工 程 伪 装 材 料

责任编辑：朱晓娟	策划编辑：张 晖
责任校对：王玉玲	装帧设计：李 飞

出版发行：西北工业大学出版社
通信地址：西安市友谊西路 127 号 邮编：710072
电　　话：(029)88491757，88493844
网　　址：www.nwpup.com
印 刷 者：西安日报社印务中心
开　　本：710 mm×1 000 mm 1/16
印　　张：9
字　　数：176 千字
版　　次：2020 年 12 月第 1 版 2020 年 12 月第 1 次印刷
定　　价：38.00 元

如有印装问题请与出版社联系调换

编委会成员名单

主　编：张乃艳　蒋晓军　朱　旭
副主编：张　娟　扈佃海　刘　庆　黄应千
　　　　徐　成　张俊海　朱万年　许　浩
　　　　王正兰　李阳雪　蒋良艳　赵喜求
　　　　杨国强　杨圩生　庞敬军

前　言

在军事工程中,伪装是通过隐真示假的措施达到欺骗、迷惑敌方的目的,其中伪装材料起着至关重要的作用。伪装材料是用于调整军事工程和武器装备等目标的特征信号,使目标与背景的特征信号接近,难以被辨认出的一种功能材料。为了更有针对性地选用合适的伪装材料提高伪装效果,加强对伪装材料的研究显得尤为重要。

本书作为对伪装材料课程教材体系的补充,以指导伪装部队(分队)和专业技术人员正确选用伪装材料为目的,从材料角度深入研究伪装器材的伪装性能,注重理论联系实际,从而切实保障伪装效果。本书分为 8 章,主要介绍、阐述迷彩伪装材料、遮障伪装材料、烟雾伪装材料、假目标伪装材料、植物伪装材料、音响伪装材料以及光子晶体等伪装新材料的组成、物理性能、化学性能和伪装性能等,并结合性能介绍其在伪装方面的运用。希望读者通过本书能够了解伪装材料的来龙去脉,掌握其机理,正确选择和运用伪装新材料开展新装备研究,以有效对抗敌方侦察。

在撰写本书的过程中,曾参阅了相关文献、资料,得到了有关单位和同志的大力支持,特别是喻荣华为本书做了大量的图稿工作,在此一并致以诚挚的谢意。

由于水平有限,书中难免有不足和疏漏之处,敬请读者批评指正。

编著者
2020 年 10 月
于江苏徐州

目　　录

第1章　绪论 ……………………………………………………………… 1
1.1　工程伪装的定义与分类 ………………………………………… 1
1.2　工程伪装材料的定义与分类 …………………………………… 4
1.3　工程伪装材料的性能 …………………………………………… 7

第2章　迷彩伪装材料 …………………………………………………… 28
2.1　伪装涂料 ………………………………………………………… 28
2.2　染料 ……………………………………………………………… 41
2.3　就便材料 ………………………………………………………… 47

第3章　遮障伪装材料 …………………………………………………… 50
3.1　纤维 ……………………………………………………………… 50
3.2　支撑材料 ………………………………………………………… 54
3.3　阻燃剂 …………………………………………………………… 58
3.4　导电材料 ………………………………………………………… 60
3.5　屏蔽材料 ………………………………………………………… 63

第4章　烟幕伪装材料 …………………………………………………… 65
4.1　氧化剂 …………………………………………………………… 65
4.2　燃烧剂 …………………………………………………………… 67
4.3　发烟剂 …………………………………………………………… 69

第5章　假目标伪装材料 ………………………………………………… 76
5.1　塑料 ……………………………………………………………… 76
5.2　橡胶 ……………………………………………………………… 83
5.3　玻璃钢 …………………………………………………………… 88
5.4　发泡材料 ………………………………………………………… 92
5.5　脱模剂 …………………………………………………………… 105

第6章　植物伪装材料 …………………………………………………… 109
6.1　除莠剂 …………………………………………………………… 109

6.2　植物生长激素 …………………………………… 111
第 7 章　音响伪装材料 ……………………………………… 113
　　7.1　隔声材料 ………………………………………… 114
　　7.2　吸声材料 ………………………………………… 116
第 8 章　工程伪装新材料 …………………………………… 118
　　8.1　智能变色材料 …………………………………… 118
　　8.2　自适应伪装材料 ………………………………… 120
　　8.3　相变蓄能材料 …………………………………… 124
　　8.4　量子伪装材料 …………………………………… 128
　　8.5　多频伪装复合材料 ……………………………… 129
　　8.6　仿皮肤 3D 硅胶材料 …………………………… 131
参考文献 ……………………………………………………… 134

第1章 绪 论

1.1 工程伪装的定义与分类

1.1.1 工程伪装的定义

伪装是为降低敌方侦察效果，欺骗、迷惑敌方，对我方作战企图、行动和重要目标等进行隐真示假的活动，是对付敌方侦察的主要手段，也是作战保障的重要内容。

工程伪装是运用工程装备、就便器材和工程技术手段对目标实施的伪装。信息化战争中，为有效应对不断进步的侦察监视、侦察打击一体化和精确制导技术的发展，在实施工程伪装时，将更强调伪装装备、伪装材料和伪装技术应用的有效性和针对性，注重工程伪装措施的因地制宜、综合运用和整体协调，注重全过程、全寿命周期的伪装，逐步实现由人工伪装向自然伪装的过渡。

1.1.2 工程伪装的分类

按使用方法，工程伪装分为天然伪装和人工伪装。

1）天然伪装是利用地形和不良天候等自然条件进行的伪装。天然伪装可以有效隐蔽目标或降低目标显著性，不仅能对付光学侦察，而且能对付雷达和红外侦察，还可以节省大量人力、物力和时间，并且其操作使用方法简单，便于掌握。由于天然伪装是利用自然界现有的地物、地貌进行的伪装，不涉及人工伪装材料，本书不对其进行分析和研究。

2）人工伪装按照使用的器材和装备，又可分为迷彩伪装、遮障伪装、烟幕伪装、假目标伪装、植物伪装和音响伪装等。

1.1.2.1 迷彩伪装

迷彩伪装是使用涂料、染料或其他材料对目标进行的工程伪装。根据目标的性质和背景斑点的特性，正确利用迷彩伪装，能减小目标与背景之间的颜色差别，或使目标与背景的斑点一部分相互融合，一部分形成明显的差别，达到降低目标显著性或歪曲目标外形的效果；当目标与背景表面的空间位置和粗糙状态接近一致时,还能消除其颜色差别,达到隐蔽目标的效果。

用涂料在目标上实施迷彩伪装,是广泛采用的一种伪装措施。其特点是作业迅速,收效快,且便于在此基础上补充其他伪装措施。但这种直接施于目标的迷彩伪装,效果是有限的,一般只能减小目标与背景的颜色差别,达到降低目标显著性和改变目标外形的效果,只有在目标与背景的表面空间位置处于同一平面或接近平行,以及目标表面便于粗糙状况处理的某些特定状况下,才能消除目标与背景之间的颜色差别,达到融合隐蔽的效果。

在目标上实施迷彩的伪装成效,主要取决于背景颜色的复制水平和使用迷彩装备实施迷彩的方法。迷彩伪装的技术措施,就是要正确解决这两方面的问题。

1.1.2.2 遮障伪装

遮障伪装是指用制式伪装器材或就便伪装材料制作和设置的,用能妨碍敌人侦察和干扰敌方武器攻击的遮蔽物所实施的工程伪装。遮障伪装一般是在靠近目标的区域实施,能够起到隐蔽目标、降低目标显著性、改变目标外形和干扰敌方探测的伪装效果。任何一种类型的人工遮障,通常由伪装面和骨架两部分组成。

1)伪装面是人工遮障中起伪装作用的主要部分。它可用制式伪装网和编有就便伪装材料的网、草席、树枝编条等各种材料制作。其形式有密集型和通视型两种。密集型的伪装面基本上没有透光空隙。通视型的伪装面在保证伪装效果的前提下,还具有便于观察、采光和阻力小、质量轻和节省材料等优点,因此在人工遮障中得到了广泛应用。

2)骨架是人工遮障中起支撑作用的部分,用来支撑伪装面,保证伪装面的所需形状和张紧状态,通常由支撑结构、支柱、控绳和固定装置组成。

1.1.2.3 烟幕伪装

烟幕伪装是利用施放烟幕遮蔽目标或迷盲、干扰、诱惑敌方进行的工程伪装。现代高技术兵器的出现,对战役、战斗的进程发生了深刻的影响,观察、瞄准、制导已不完全依赖可见光,而发展为利用红外波段和微波波段探测目标、引导导弹击中目标的全天候使用的高精度器材。这就要求烟幕能够同时对付可见光、红外和微波多波段的侦察和制导。广泛使用烟幕伪装后方目标和军队的战斗行动,对于隐藏部署、提高军队在战斗中的生存能力具有重要的意义。

烟幕伪装按用途分为遮蔽烟幕、迷盲烟幕和诱惑烟幕。

1)遮蔽烟幕是为遮蔽军队和目标的配置位置,施放于目标配置地区、我方阵地前沿或纵深内的烟幕。它能将武器对目标的命中率降低到1/4,所使用的器材为发烟车、发烟罐和就便发烟器材等。

2)迷盲烟幕是为迷盲敌地面观察和射击,施放于敌方阵地内的烟幕。它能将武器对目标的命中率降低到1/10,所使用的器材为发烟炮弹、发烟航弹等。

3)诱惑烟幕是为迷惑敌方,吸引敌方的注意力和火力,在假目标区域或无目标区域施放的烟幕,所用的器材同遮蔽烟幕。

采用一般发烟器材构成的烟幕仅能对付光学侦察,当使用防热红外发烟器材构成烟幕时,能同时对付光学和热红外侦察。

1.1.2.4 假目标伪装

假目标是指模拟真目标各种暴露征候的模型或装置,它包括假人、假兵器、假车辆、假工事,以及红外、闪光、音响模拟装置等。

假目标可分为制式假目标和就便材料假目标。

1)制式假目标是一种经过工厂加工,能够大批量生产和组装的装备假目标,主要由成形的材料和部件构成,也可以在设置现场就地组装。

2)就便材料假目标主要为就地设置的目标模型和假工程设施。

1.1.2.5 植物伪装

植物伪装是用种植和采集植物或使植物变色等技术措施对目标实施的工程伪装。

植物伪装措施有植物覆盖、植物遮障、植物变色和植物装饰等4种。

1)植物覆盖是用铺设草皮,种草,种植灌木、藤本植物等来实现覆盖工事、积土、接近路等目标。

2)植物遮障是种植乔木、灌木和高草等来构成垂直遮障、掩盖遮障或变形遮障来遮蔽目标。

3)植物变色是用割草、除莠剂、熏烧、施肥等方法改变草本植物的颜色,以增加背景的斑驳程度。

4)植物装饰是用采集的植物附加在目标表面所实施的临时性伪装。

1.1.2.6 音响伪装

音响伪装是采用消除、降低、压制或模拟目标的音响暴露征候的方法对目标进行的工程伪装。音响伪装主要用于对付敌方的窃听和声测侦察,隐蔽我方的机动、部署调整和战备活动等。

音响伪装措施主要有消除音响、压制音响、降低音响和模拟音响等4种。

1)消除音响是使目标不发出音响或将目标音响降至环境噪声以下的伪装措施。

2)压制音响是使用声级高于目标音响15~17 dB的强噪声来淹没目标音响

的伪装措施。压制音响用噪声来压制目标活动的音响,如用拖拉机发动的声音隐蔽渡河、用爆破作业隐蔽部队的其他活动等,这样使敌方难以辨别我方的真实活动。

3)降低音响是降低目标音响的声压级,以降低敌方声源侦察器材探测距离的伪装措施。

4)模拟音响是用音响设备或工程作业方法仿造目标的音响暴露征候的伪装措施。

1.2 工程伪装材料的定义与分类

目前,对于工程伪装材料还没有一个权威的定义。我们按照实施工程伪装时使用的装备、器材等涉及的材料类型和性质等,可将其定义为:用以制造各种伪装装备、器材的结构件和零部件,以及各种伪装用就便材料。

工程伪装材料可分为金属材料和非金属材料,其中非金属材料占主要地位,但金属材料的发展也十分迅速,金属材料与非金属材料并驾齐驱,竞相发展,相互渗透与结合,形成了初具规模的工程伪装材料体系。

1.2.1 迷彩伪装材料

迷彩伪装材料主要包括涂料、染料和就便材料三种。

1)涂料是以树脂或油脂为主体,不含颜料或含有颜料,并能在物体的表面上形成光滑紧密、附着力强的漆膜的物质,对物体起到保护和装饰等作用。涂料通常由颜料和胶黏剂调配而成。迷彩伪装常用的颜料有红色、黄色、绿色、青蓝色、褐色、白色和黑色等7种颜色。常用的胶黏剂有油质和水质两种。野战条件下主要采用水质胶黏剂。涂料可以大大降低目标在背景上的显著性,使用方便,适应范围广,是迷彩伪装的主要材料。

2)染料是能使纤维和其他物质着色且具有一定染色牢度的一种有色化合物。大多数染料不能直接溶于水,必须借助其他化学试剂才能在水中溶解。

3)就便材料是将煤灰、砂石、木屑和沙土等与胶黏剂混合搅拌而成的迷彩伪装材料。就便材料因其取材方便,在伪装任务量大,涂料、染料供应不足的情况下,可作为实施迷彩伪装的补充材料使用。

1.2.2 遮障伪装材料

遮障伪装器材分为制式遮障伪装器材和就便遮障伪装器材。

1)制式遮障伪装器材有成套遮障、各种伪装网、角反射器和变形伞等。伪装网通常由基网、多功能装饰片和连接装置组成,以导电网眼布为基网,上面缝缀部分多光谱高、低反射率装饰片,形成无钩挂遮障面,达到光学、雷达和中远红外波段使目标变形并与背景融合的效果。遮障面单面使用,植被型主色调为绿色,配适量的土色装饰片,以满足背景的季节变化要求;荒漠型主色调为土漠色,配适量的戈壁色装饰片,以满足背景的地域变化要求。

2)就便遮障伪装器材是指制作遮障所使用到的各类就便材料,包括竹竿、钢管、铁丝、绳索、木料、布料、铁皮和钉子等。

1.2.3 烟幕伪装材料

烟幕伪装器材分为制式发烟器材和就便发烟器材。

1)制式发烟器材主要有发烟手榴弹、发烟罐、发烟炮弹、发烟车及发烟筒等。

2)就便发烟器材有发烟箱、发烟坑等。

烟幕伪装材料主要包括氧化剂、燃烧剂和发烟剂等3种。

1)氧化剂是在氧化还原反应中获得电子的物质,也可以理解为能够使另一种物质得到氧的物质。运用于烟幕伪装的氧化剂主要有硝酸铵、硝酸钠和氯酸钾等。

2)燃烧剂,又称纵火剂,是烟火药的一种。燃烧剂要具有燃烧容易、发热量大、燃烧温度高、燃烧面积大、燃烧时间长、火焰不易扑灭等性能,这些是构成燃烧武器的基础。

3)凡是导入大气中能发生稳定的烟或雾,并以烟或雾的光学性能达到遮蔽、迷盲、干扰目的的化学物质称为发烟剂。用发烟装备将其导入大气中构成烟幕。

发烟剂按其形态分为固体和液体两类。固体发烟剂主要有六氯乙烷-氧化锌混合物、粗蒽-氯化铵混合物、黄磷和红磷等;液体发烟剂主要有高沸点石油、煤焦油、含金属的高分子聚合物等。此外,还有有色发烟剂,可产生鲜明彩色烟幕。制式发烟剂的使用开始于第一次世界大战,那时用的只有金属氯化物和黄磷等。目前,发烟剂正朝着无毒、无刺激、无腐蚀、高效能、大面积和多光谱的方向发展。

1.2.4 假目标伪装材料

假目标伪装器材分为制式假目标和就便材料假目标。

1)制式假目标主要包括装配组合式假目标、骨架蒙皮式假目标、充气式假目标和发泡成形式假目标,涉及的材料主要有塑料、橡胶、玻璃钢、聚氨酯发泡材料和脱模剂等。

2)就便材料假目标主要是利用竹子、铁丝、纤维布蒙皮等制作的假目标。

1.2.5 植物伪装材料

植物伪装按其分类主要有植物覆盖、植物遮障、植物变色和植物装饰等。

1) 植物覆盖、植物遮障和植物装饰主要是利用植物本身进行伪装。

2) 植物变色是用割草、熏烧、施肥、灌溉和喷洒外效除莠剂等方法改变植物的颜色。它可以增加背景的斑驳程度,以降低目标的显著性。

割草和熏烧能使草地背景出现亮度对比较大的斑点。冬秋季在一定范围内用火烧干枯植物能立即出现斑点;夏季把割下的草晒至半干,铺在其他未割地段熏烧,可使地形出现亮暗差别的斑点。

施肥和灌溉能使草本植物呈现暗绿色而与其周围形成明显的颜色差别。施肥和灌溉在干旱地区效果明显。

喷撒外效除莠剂能迅速改变草本植物的颜色。外效除莠剂能在不同程度上窒息植物叶茎的生长,使植物在较短时间(几天)内改变原来的绿色,并保持较长的时间(几个月)。用外效除莠剂改变草皮的颜色所能保持的时间,取决于外效除莠剂的用量和草皮覆盖的时间。外效除莠剂的用量越多,变色所保持的时间越长;成龄草保持颜色的时间比嫩草更长。

1.2.6 音响伪装材料

消除音响是音响伪装常用方法之一,是一种使目标不发出音响或将目标音响降至环境噪声以下的伪装措施。除了充分利用天然条件对声音传播的影响能力,如将声目标配置在山坡后或具有一定纵深的密林中消除音响;还可以在声目标上加设消声器或将其配置在消声室中。对于配置低于地面的目标,可增设消声土窖消除音响;而对于不可避免的碰撞、振动部位,应加设缓冲消声材料,如橡胶、软木、毛毡和玻璃纤维等以消除音响。

音响伪装材料从大类区分主要有隔声材料和吸声材料两种。

1) 隔声材料是指能阻断声音传播或减弱投射声能的一类材料、构件或结构,其特征是质量较重、密度较高,如钢板、铅板、混凝土墙和砖墙等。

2) 吸声材料大多为疏松多孔的材料,如矿渣棉、毯子等,其吸声机理是声波深入材料的空隙,且孔隙多为内部互相贯通的开口孔,受到空气分子摩擦和黏滞阻力,以及使细小纤维作机械振动,从而使声能转变为热能。这类多孔性吸声材料的吸声系数一般从低频到高频逐渐增大,故对高频和中频的声音吸收效果较好。

材料的吸声、隔声区别在于,材料隔声着眼于入射声源另一侧的透射声能的大小,目标是使透射声能减小。

1)隔声材料可使透射声能衰减到入射声能的 $10^{-3}\sim10^{-4}$ 或更小,为方便表达,其隔声量用分贝的计量方法表示。

2)材料吸声着眼于声源一侧反射声能的大小,目标是使反射声能减小。吸声材料对入射声能的衰减吸收能力即吸声系数一般用小数表示。

1.3 工程伪装材料的性能

工程伪装材料的性能通常可分为材料的使用性能和工艺性能两类。

1)使用性能是指伪装装备器材在正常工作情况下应具备的性能,包括机械性能以及物理和化学性能等。

2)工艺性能是指伪装装备器材在冷加工和热加工的制造过程中应具备的性能,包括铸造性能、锻造性能、焊接性能和切削加工性能。

在伪装装备器材制造中,一般零件是在常温、常压和非强烈腐蚀性介质中使用的,如充气式假目标底盘车、伪装效果检测车上的各类齿轮和轴等。但有一些零件却是在高温、高压和腐蚀介质中使用的,如迷彩作业车、假目标作业车上的涂料、发泡材料的容器和输料管道等。根据不同的使用要求,确定采用不同性能的材料,所以材料的性能是装备器材设计和选材的主要依据。

1.3.1 材料的机械性能

材料的机械性能是指材料在各种形式的外力作用下,抵抗变形和断裂的能力,比如伪装网、支撑系统和充气假目标软膜等。衡量材料机械性能的主要指标有强度、塑性、硬度、疲劳强度、冲击韧性、断裂韧性和耐磨性等。

1.3.1.1 强度、塑性及其测定

强度是指材料在静载荷作用下,抵抗产生塑性变形或断裂的能力。由于载荷的作用方式有拉伸、压缩、弯曲、剪切等,所以强度也分为抗拉强度、抗压强度、抗弯强度和抗剪切强度等。各种强度间常有一定的联系,使用中一般多以抗拉强度作为最基本的强度指标。

塑性是指材料在载荷作用下产生永久变形而不破坏的能力。

抗拉强度和塑性是依据《金属拉伸试验试样》(GB 6397—1986)通过静拉伸试验测定的。它是把一定尺寸和形状的试样装夹在拉力试验机上,然后对试样逐渐施加拉伸载荷,直至把试样拉断为止。根据试样在拉伸过程中承受的载荷和产生的变形量大小,可以测定该材料的强度和塑性。

1. 拉伸图与应力-应变曲线

(1)拉伸图

试样进行拉伸试验时,随着载荷的逐渐增加,试样的伸长量也逐渐增加,自动记录仪随时记录载荷(P)与伸长量(Δl)的数值,直至试样被拉断为止,然后将记录数值绘在载荷为纵坐标、伸长量为横坐标的图上,连接各点所得的曲线即为拉伸曲线,该图称为拉伸图。

图1-1所示为低碳钢的拉伸图。由图1-1可见,低碳钢试样在拉伸过程中,其载荷与变形关系有以下几个阶段。

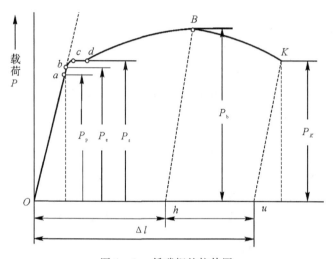

图1-1 低碳钢的拉伸图

当载荷不超过(P_p)时,拉伸曲线Oa为一直线,即试样的伸长量与载荷成正比地增加,如果卸除载荷,试样立即恢复到原来的尺寸,试样处于弹性变形阶段,完全符合胡克定律。P_b是符合胡克定律的最大载荷。

在载荷超过P_b后,拉伸曲线开始偏离直线,即试样的伸长量与载荷已不再成正比关系,但若卸除载荷,试样仍能恢复到原来的尺寸,故仍属于弹性变形阶段。P_e是试样发生完全弹性变形的最大载荷。

在载荷超过P_e后,试样将进一步伸长,但此时若去除载荷,弹性变形消失,而另一部分变形被保留,即试样不能恢复到原来的尺寸,这种不能恢复的变形称为塑性变形或永久变形。

当载荷达到P_s时,拉伸曲线出现了水平的或锯齿形的线段,这表明在载荷基本不变的情况下,试样继续变形,这种现象称为"屈服"。引起试样屈服的载荷称为屈服载荷。

在载荷超过P_s后,试样的伸长量与载荷又将呈曲线关系上升,但曲线的斜率比Oa段的斜率小,即载荷的增加量不大,而试样的伸长量却很大。这表明,

在载荷超过 P_s 后,试样已开始产生大量均匀的塑性变形。当载荷继续增加超过最大值 P_b 时,试样的局部截面积缩小,产生所谓"颈缩"现象。由于试样局部截面的逐渐减小,承载能力也逐渐降低,当达到拉伸曲线上 K 点时,试样断裂。P_K 为试样断裂时的载荷。

(2) 应力-应变曲线

由于拉伸图上的载荷 P 与伸长量 Δl,不仅与试验的材料性能有关,而且还与试样的尺寸有关,为了消除试样尺寸因素的影响,用数学方法处理可得到应力-应变曲线。图1-2所示为低碳钢的应力-应变曲线。

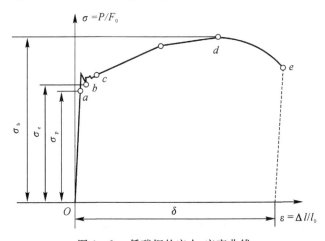

图1-2 低碳钢的应力-应变曲线

试样承受的载荷 P 除以试样的原始截面积 F_0 得到试样所承受的应力 σ,即

$$\sigma = \frac{P}{F_0}$$

试样的伸长量 Δl 除以试样的原始标距长度 l_0,得到试样的相对伸长,则,应变 ε(或 δ)为

$$\varepsilon = \frac{\Delta l}{l_0}$$

以 σ 与 ε 为坐标绘出应力-应变的关系曲线,叫作应力-应变曲线。由于拉伸试样按《金属拉伸试验试样》(GB 6397—1986)有统一规定,其原始截面积 F_0、原始标距长度 L_0 为常数,所以应力-应变曲线的形状与拉伸图相似,只是坐标与数值不同。但它不受试样尺寸的影响,可以直接看出材料的一些机械性能。

2. 静拉伸试验测定的各项指标及意义

(1) 弹性模量

弹性模量 E 是指材料在弹性状态下的应力与应变的比值,即

$$E=\frac{\sigma}{\varepsilon}$$

在应力-应变曲线上,弹性模量就是试样在弹性变形阶段线段的斜率,即引起单位弹性变形时所需的应力。因此,它表示材料抵抗弹性变形的能力。弹性模量 E 值愈大,则材料的刚度愈大,材料抵抗弹性变形的能力就越强。

绝大多数的机械零件都是在弹性状态下进行工作的,在工作过程中一般不允许有过多的弹性变形,更不允许有明显的塑性变形。因此,对其刚度都有一定的要求。提高零件刚度的办法,除了增加零件的横截面积或改变横截面形状外,从材料性能上来考虑,必须增加其弹性模量。弹性模量主要取决于各种材料本身的性质,热处理、微合金化及塑性变形等对其影响很小。一般钢在室温下的弹性模量为 $1.9\times10^5\sim2.2\times10^5$ MPa,而铸铁的弹性模量较低,一般为 $0.75\times10^5\sim1.45\times10^5$ MPa。

(2) 比例极限与弹性极限

比例极限 σ_p 是应力与应变之间能保持正比例关系的最大应力值,即

$$\sigma_p=\frac{P_p}{S_0}$$

式中　σ_p——载荷与变形能保持正比例关系的最大载荷;
　　　S_0——试样的原始横截面积。

弹性极限是材料产生完全弹性变形时所能承受的最大应力值,即

$$\sigma_e=\frac{P_e}{S_0}$$

式中　P_e——试样发生完全弹性变形的最大载荷;
　　　S_0——试样的原始横截面积。

由于弹性极限与比例极限在数值上非常接近,故一般不必严格区分。它们表示材料在不产生塑性变形时能承受的最大应力值。对不允许有微量塑性变形的零件(如精密的弹性元件、炮筒)等的设计与选材,比例极限(σ_p)、弹性极限(σ_e)是重要依据。

(3) 屈服强度

屈服强度 σ_s 是材料开始产生明显塑性变形时的最低应力值,即

$$\sigma_s=\frac{P_s}{S_0}$$

式中　P_s——试样发生屈服时的载荷,即屈服载荷;
　　　S_0——试样的原始横截面积。

工业上使用的某些材料(如高碳钢和某些经热处理后的钢等)在拉伸试验

中没有明显的屈服现象发生,故无法确定屈服强度σ_s。国家标准规定,可用试样在拉伸过程中标距部分产生0.2%塑性变形量的应力值来表征材料对微量塑性变形的抗力,称为屈服强度,即所谓的"条件屈服强度",记为$\sigma_{0.2}$,则有

$$\sigma_{0.2} = \frac{P_{0.2}}{S_0}$$

式中　　$P_{0.2}$——试样标距部分产生0.2%塑性变形量时的载荷;

　　　　S_0——试样的原始横截面积。

一般机械零件在发生少量塑性变形后,零件精度降低或与其他零件的相对配合受到影响而造成失效。因此,屈服强度就成为零件设计时的主要依据,同时也是评定材料强度的重要机械性能指标之一。

(4) 强度极限

强度极限σ_b是材料在断裂前所能承受的最大应力值,则有

$$\sigma_b = \frac{P_b}{S_0}$$

式中　　P_b——试样在断裂前所能承受的最大载荷;

　　　　S_0——试样的原始横截面积。

塑性材料在拉伸过程中,若承受的载荷小于P_b,则试样产生均匀的塑性变形;当载荷超过P_b时将引起缩颈而产生集中变形。可见,强度极限σ_b是表示材料抵抗大量均匀塑性变形的能力。低塑性材料在拉伸过程中,一般不产生缩颈现象,因此,强度极限σ_b就是材料的断裂强度,它表示材料抵抗断裂的能力。在工程上,强度极限常称为抗拉强度,它是零件设计时的重要依据,同时也是评定材料强度的重要机械性能指标之一。

(5) 延伸率与断面收缩率

延伸率δ和断面收缩率ψ是表示材料塑性好坏的指标。

1) 延伸率是指试样拉断后标距增长量与原始标距长度之比,即

$$\delta = \frac{l_K - l_0}{l_0} \times 100\%$$

式中　　l_K——试样断裂后的标距长度;

　　　　l_0——试样原始的标距长度。

2) 断面收缩率是指试样拉断处横截面积的缩减量与原始横截面积之比,即

$$\psi = \frac{S_0 - S_K}{S_0} \times 100\%$$

式中　　S_K——试样拉断处的最小横截面积;

　　　　S_0——试样的原始横截面积。

材料的延伸率δ和断面收缩率ψ的数值越大,表示材料的塑性越好。由于断面收缩率比延伸率更接近材料的真实应变,因而在塑性指标中,用断面收缩率比延伸率更为合理,但现有的材料塑性指标往往仍较多地采用延伸率。

材料的塑性对要求进行冷塑性变形加工的工件有着重要的意义。此外,当工件在使用中偶然过载时,由于能产生一定的塑性变形,也不至于突然破坏。同时,在工件的应力集中处,塑性能起到削减应力峰(即局部的最大应力)的作用,从而保证工件不至于突然断裂,这就是大多数工件除要求高强度外,还要求具有一定塑性的原因。

1.3.1.2 硬度及其测定

硬度是衡量材料软硬程度的指标。当前,生产中测定硬度的方法最常用的是压入硬度法,它是用一定几何形状的压头在一定载荷下压入被测试的材料表面,根据被压入程度来测定其硬度值。用同样的压头在相同载荷作用下压入材料表面时,若压入程度愈大,则材料的硬度值愈低;反之,硬度值就愈高。因此,压入法所表示的硬度是指材料表面抵抗更硬物体压入的能力。

硬度试验设备简单,操作迅速方便,又可直接在零件或工具上进行试验而不破坏工件,并且还可根据测得的硬度值估计出材料的强度和耐磨性。此外,硬度与材料的冷成形性、切削加工性和可焊性等工艺性能间也存在着一定联系,可作为选择加工工艺时的参考。因此,硬度试验是实际生产中作为产品质量检查、制定合理加工工艺的最常用的试验方法。在产品设计图纸的技术条件中,硬度是一项主要技术指标。为了能获得正确的试验结果,被测材料表面不应有氧化皮、脱碳层、划痕和裂纹等缺陷。

测定硬度的方法很多,生产中应用较多的有布氏硬度、洛氏硬度和维氏硬度等试验方法。

1. 布氏硬度

布氏硬度试验是用一个直径为 D 的淬火钢球(或硬质合金球),在规定载荷 P 的作用下压入被测试材料的表面(见图 1-3),停留一定时间,然后卸除载荷,测量钢球(或硬质合金球)在被测试材料表面上所形成的压痕直径 d,由此计算出压痕面积,进而得到所承受的平均应力值,以此作为被测试材料的硬度。该硬度称为布氏硬度值,记作 HBS,则有

$$\text{HBS} = \frac{P}{S} = \frac{2P}{\pi D(D - \sqrt{D^2 - d^2})}$$

在布氏硬度试验中载荷 P 的单位为 N,压头直径与压痕直径 d 的单位为

mm,布氏硬度的单位为 N/mm²,习惯上只写明硬度的数值而不标出单位。

在进行布氏硬度试验时,一方面应根据材料的软硬和工件厚度的不同,正确选择载荷 P 和压头直径,为使同一材料在不同 P、D 下测得相同的布氏硬度值,应使 P/D^2 为常数;另一方面,为保证测得布氏硬度的准确性,当压痕直径 d 与压头直径 D 的比值在一定范围(0.2～0.5)时,可以认为是可靠数据。

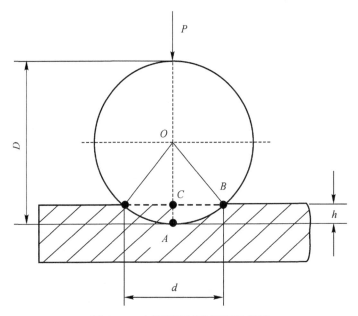

图 1-3 布氏硬度试验原理示意图

由于压头材料不同,所以布氏硬度用不同符号表示,以示区别。当压头为淬火钢球时用 HBS 表示,适用于布氏硬度低于 450 的材料,如 HBS270;当压头为硬质合金球时用 HBW 表示,适用于布氏硬度大于 450 且小于 650 的材料,如 HBW500。

布氏硬度试验法的优点:因压痕面积较大,能反映出较大范围内被测试材料的平均硬度,故试验结果较精确,特别是对于组织比较粗大且不均匀的材料(如铸铁、轴承合金等),更是其他硬度试验方法所不能代替的。

2. 洛氏硬度

洛氏硬度试验是当前广泛应用的试验方法。它是用一个顶角为 120°的金刚石圆锥体或一定直径的钢球为压头,在规定载荷作用下压入被测试材料表面,通过测定压头压入的深度来确定其硬度值。

图 1-4 所示为金刚石圆锥压头的洛氏硬度试验原理。图 1-4 中 0—0 为

圆锥体压头的初始位置；1—1为初载荷作用下的压头压入深度为h_1时的位置；2—2为总载荷（初载荷＋主载荷）作用下压头压入深度为h_2时的位置；3—3为卸除主载荷后，由于弹性变形恢复，压头提高时的位置，这时压头实际压入试样的深度为h_3。由于主载荷所引起的塑性变形使压头压入深度为$h=h_3-h_1$，并以此来衡量被测试材料的硬度。

显然，h愈大时，被测试材料的硬度愈低；反之，则愈高。为了遵循习惯上数值愈大硬度愈高的理念，采用一个常数K减去h的值来表示硬度大小，并规定每0.002mm的压痕深度为一个硬度单位，由此获得的硬度值称为洛氏硬度值，用符号HR来表示。

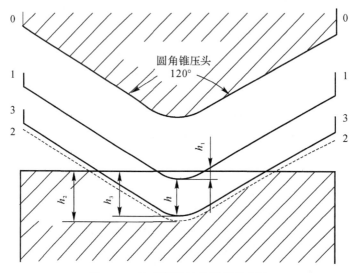

图1-4 洛氏硬度试验原理示意图

$$HR=\frac{K-h}{0.002}$$

式中　　K——常数，用金刚石圆锥体作压头时$K=0.2$mm，用钢球作压头时$K=0.26$mm。

由此得出的洛氏硬度值HR是无量纲的，在试验时一般均由硬度计的指示器上直接读出。

为了能用同一硬度计测定从极软到极硬材料的硬度，采用不同的压头和载荷组成15种不同的洛氏硬度标尺。其中常用的为HRA，HRB，HRC三种标尺，如HRC62，HRA70等。

表1-1为这种常用标尺的试验条件和应用举例。

表 1-1 常用的三种洛氏硬度规范

符号	压头	载荷/N	硬度有效范围	使用范围
HRA	金刚石圆锥	600	>70	适用于测量硬质合金、表面淬火层或渗碳层
HRB	(1/16″)钢球	980	25~100,相当于(HBS60~HBS230)	适用于测量有色金属、退火、正火钢等
HRC	金刚石圆锥(120)°	1470	20~67,相当于(HBS230~HBS700)	适用于调质钢、淬火钢等

洛氏硬度试验法的优点:操作迅速简便,由于压痕较小,故可在工件表面或较薄的材料上进行试验。同时,采用不同标尺,可测出从极软到极硬材料的硬度。其缺点是,因压痕较小,对组织比较粗大且不均匀的材料,测得的结果不够准确。

3. 维氏硬度

维氏硬度的试验原理基本上与布氏硬度试验法相同。它是用一个相对面间夹角为 136° 的金刚石正四棱锥体压头,在规定载荷 P 作用下压入被测试材料表面,保持一定时间后卸除载荷。然后,再测量压痕投影的两对角线的平均长度 d,进而计算出压痕的表面积 S,以压痕表面积上平均压力(P/F)作为被测材料的硬度值,称为维氏硬度,记作 HV,则有

$$HV = \frac{P}{S} = \frac{2P\sin\frac{136°}{2}}{d^2} = 1.8544\frac{P}{d^2}$$

维氏硬度单位为 N/mm^2,通常不标,如 HV800。

维氏硬度试验法的优点:因试验时所加载荷小,压入深度浅,故适于测试零件表面淬硬层及化学热处理的表面层(如渗碳层、渗氮层等)。同时,维氏硬度是一个连续一致的标尺,试验时载荷可以任意选择,而不影响其硬度值的大小,可以测定从极软到极硬的各种材料的硬度值。

4. 显微硬度

显微硬度试验原理与维氏硬度完全相同,仅是所用载荷比低载荷维氏硬度还要小得多,通常所用载荷小于 200 g,所得的压痕仅有几微米到数十微米。因此,显微硬度是用于测试合金显微组织中的不同相、加工硬化层、镀层、金属箔等的硬度。

显微硬度值用 HM 表示。实际上显微硬度值和维氏硬度值完全相同,也可

用 HV 表示。

1.3.1.3 疲劳强度

1. 疲劳的基本概念

许多机械零件(如各种发动机曲轴、机床主轴、齿轮、弹簧、各种滚动轴承等)都是在交变载荷下工作的。所谓交变载荷是指载荷大小、方向随时间发生周期性变化的载荷。零件在这种交变载荷下经过一定的时间发生的断裂现象,称为疲劳破坏。疲劳断裂与静载荷作用下的断裂不同,无论是脆性材料还是塑性材料,疲劳断裂都是突然发生的脆性断裂,而且往往工作应力低于其屈服强度,故具有很大的危险性。

一般认为产生疲劳断裂的原因是,由于在零件应力集中的部位或材料本身强度较低的部位,如原有裂纹、软点、脱碳、夹杂、刀痕等缺陷,在交变应力的作用下产生了疲劳裂纹,随着应力循环周次的增加,疲劳裂纹不断扩展,使零件承受载荷的有效面积不断减小。当有效面积减小到不能承受外加载荷的作用时,零件即发生突然断裂。因此,疲劳断口是由已裂纹源(疲劳源)为中心逐渐向内扩展的若干弧线的光亮区和最后断裂的粗糙区(结晶状或纤维状)所组成,如图 1-5 所示。

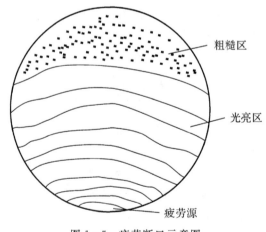

图 1-5 疲劳断口示意图

2. 疲劳抗力指标

大量试验证明,材料所受的交变或重复应力与断裂前循环周次 N 之间有如图 1-6 所示的曲线关系,该曲线称为 $\sigma\text{-}N$ 曲线。由 $\sigma\text{-}N$ 曲线可以测定材料的疲劳抗力指标。

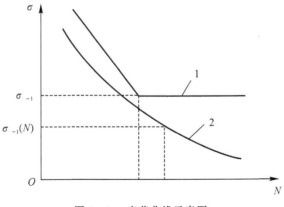

图 1-6 疲劳曲线示意图

(1) 疲劳极限

一般钢铁材料的 σ-N 曲线属于图 1-6 中曲线 1 的形式,其特征是当循环应力小于某一数值时循环周次可以达到很大甚至无限大而试样仍不发生疲劳断裂,这就是试样不发生疲劳断裂的最大循环应力,该应力值称为疲劳极限,并用 σ_{-1} 表示光滑试样的对称弯曲疲劳极限。试验中,一般规定经 10^7 循环周次而不断裂的最大应力为疲劳极限,故可以用 $N=10^7$ 为基数来确定一般钢铁材料的疲劳极限。

(2) 条件疲劳强度

一般有色金属、高强度钢及腐蚀介质作用下的钢铁材料的 σ-N 曲线属于图 1-6 中曲线 2 的形式,其特征是所受应力 σ 随着循环周次 N 的增加而不断降低,不存在曲线 1 所示的水平线段。这类材料只能以断裂前循环周次为 N 时所能承受的最大应力来表示,该应力值为疲劳寿命为 N 时的疲劳强度,称为条件疲劳强度。N 的数值可根据使用目的及需要来确定,可以用 $N=5\times(10^7 \sim 10^8)$ 为基数来确定其条件疲劳强度。

3. 提高疲劳抗力的途径

零件的疲劳抗力除与选用材料的本性有关外,还可以通过以下途径来提高其疲劳抗力:改善零件的结构形状以避免应力集中;提高零件表面加工光洁度;尽可能减少各种热处理缺陷(如脱碳、氧化、淬火裂纹等);采用表面强化处理,如化学热处理、表面淬火、表面喷丸和表面滚压等强化处理,使零件表面产生残余压应力。

1.3.1.4 冲击韧性及其测定

以很大速度作用于机件上的载荷称为冲击载荷。许多机器零件和工具在工作过程中,往往受到冲击载荷的作用,如汽车发动机的活塞销与连杆、变速箱的轴及齿轮、锻锤的锤杆等。由于冲击载荷的加载速度高,作用时间短,材料在受冲击时应力分布与变形很不均匀,脆化倾向性增大,所以对承受冲击载荷零件的性能,除要求具有足够的静载荷强度外,还要求材料必须具有足够抵抗冲击载荷的能力。

为了评定材料在冲击载荷作用下抵抗破坏的能力,需进行一次冲击试验。一次冲击试验是一种动载荷的试验。下面介绍应用最普遍的一次冲击弯曲试验。

1. 冲击试验原理

一次冲击弯曲试验通常是在摆锤式冲击试验机上进行的。试验时将带有缺口的试样放在试验机两支座上[见图1-7(a)],将自重为 G 的摆锤抬到 H 高度[见图1-7(b)],使摆锤具有位能。然后,让摆锤由此高度下落将试样冲断,并向另一方向升高到 h 的高度,这时摆锤具有的位能为 Ghg。因而冲击试样消耗的能量(即冲击功 A_k)为

$$A_k = G(H-h)g$$

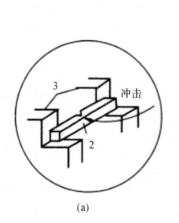
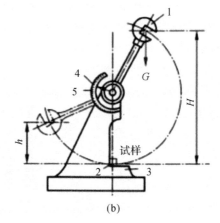

图1-7 冲击试验

试验时,冲击功 A_k 值可以从试验机的刻度盘上直接读得。

冲击韧性就是将冲击功 A_k 除以试样断口处的横截面面积,即

$$a_k = \frac{A_k}{S}$$

式中　a_k —— 冲击韧性;

　　　A_k —— 冲击功;

S—— 试样断口处的横截面面积。

冲击功 A_k 或冲击韧性 a_k 代表了在指定温度下,材料在缺口和冲击载荷共同作用下脆化的趋势及其程度,是一个对成分、组织、结构极为敏感的参数。一般把冲击韧性 a_k 值低的材料称为脆性材料,a_k 值高的材料称为韧性材料。脆性材料在断裂前无明显的塑性变形,断口较平整,呈结晶状或瓷状,有金属光泽;韧性材料在断裂前有明显的塑性变形,断口呈纤维状,无光泽。

为了使试验结果能相互比较,必须使试样标准化。在特殊情况下,也可采用某些非标准试样。但需要注意的是,不同类型试样所得的冲击韧性值不能相互比较和换算。

2. 温度对冲击韧性值的影响

金属材料的冲击韧性值除了与其成分、组织、试样的形状、尺寸和表面质量有关外,冲击速度和温度对冲击韧性值也有影响,尤其是温度对冲击韧性值的影响具有更重要的意义。

实践证明,有些材料在室温时并不显示脆性,而在低温下则可能发生脆断,这一现象称为冷脆现象。其表现为冲击韧性值随温度的降低而减小,当试验温度降低到某一温度范围时,其冲击韧性值急剧降低,试样的断口由韧性断口过渡为脆性断口。因此,这个温度范围称为冷脆转变温度范围。在这个温度范围内,通常以试样断口表面出现 50% 脆性断口特征时的温度作为冷脆转变温度。

冷脆转变温度的高低是选材的指标之一,冷脆转变温度越低,材料的低温冲击性能就越好。这对于在寒冷地区和低温下工作的机械和工程结构(如运输机械、地面建筑、输送管道等)尤为重要。

实践表明,冲击韧性值 a_k 对材料的内部结构、缺陷等较敏感,在冲击试验中很容易揭示出材料中的某些物理现象,如晶粒粗化、冷脆、热脆和回火脆性等,故目前常用冲击试验来检验冶炼、热处理以及各种加工工艺的质量。此外,冲击试验过程迅速方便,所以在生产和科研中得到广泛应用。

应当指出的是,生产实际中,机件很少是因一次大能量冲击而损坏,大多数是在小能量多次冲击载荷下工作的,对这类零件,应采用小能量多次冲击的抗力指标作为评定材料质量及选材的依据。

1.3.1.5 断裂韧性

随着高强度钢和大型焊接结构的广泛应用,低应力脆断事故不断发生,如高压容器爆炸,桥梁、船舶、大型轧辊及发电机转子的突然折断等,引起了人们的极大注意。

所谓低应力脆断,是指零件在较低的工作应力,甚至远远低于其屈服强度,韧性和塑性指标也不低于规定值的情况下发生的脆性断裂现象。低应力脆断断裂前无明显的塑性变形,属于突然断裂,因此,危害性极大。

经过对低应力脆断事例进行大量分析及研究发现,材料脆性断裂的原因是由于材料内部裂纹发生扩展的结果。按照断裂力学观点,零件内部总是存在着由各种原因所带来的微裂纹。在外力作用下,影响裂纹扩展和零件断裂的因素有外加载荷大小和裂纹的尺寸等两类,如图1-8所示。

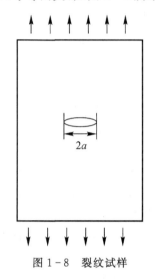

图1-8 裂纹试样

一般裂纹分为穿透裂纹、表面裂纹和深埋裂纹三种。裂纹在外力作用下的扩展方式可分为三种基本类型,如图1-9所示。Ⅰ型——张开型;Ⅱ型——滑移型;Ⅲ型——剪刀型。由于Ⅰ型裂纹的扩展最危险,所以研究裂纹体的脆性断裂,总是以这种裂纹作为研究对象。

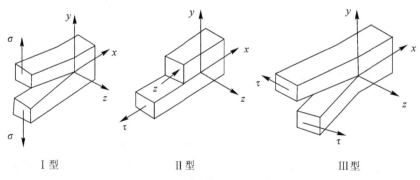

图1-9 裂纹扩展的三种类型
Ⅰ型—张开型; Ⅱ型—滑移型; Ⅲ型—剪刀型

通过力学的分析和推导，提出了一个描述裂纹附近应力场的力学参数——应力场强度因子 $K(\mathrm{MPa/m^{3/2}})$。它是加载方式、试样尺寸和裂纹形状与大小的函数，也是裂纹尖端应力场强度的比例系数，对于三种裂纹扩展类型分别用 K_I，K_{II}，K_{III} 表示。图1-9所示的中央穿透性裂纹试样张开型应力场强度因子与外加载荷、裂纹尺寸之间的关系为

$$K_I = Y\sigma\sqrt{a}$$

式中　Y——试件与裂纹的几何形状系数，是一个无量纲系数；

　　　σ——外加应力；

　　　a——裂纹的半长度。

应力场强度因子 K_I 实际上是应力集中概念的新发展。当外加载荷或裂纹长度不断增加时，K_I 值也不断增大，当 K_I 值增大到某一临界值时，裂纹便失去稳定而迅速扩展，这个临界的 K_I 值记为 K_{IC}，这就是材料的断裂韧性。它反映材料抵抗裂纹失稳扩展的能力，是材料的一个新的机械性能指标。

当 $K_I < K_{IC}$ 时，裂纹不扩展或扩展很慢，不发生脆断；当 $K_I > K_{IC}$ 时，裂纹失稳扩展，发生脆性断裂；当 $K_I = K_{IC}$ 时处于临界状态。因此，$K_I = K_{IC}$ 就是材料断裂的判据。K_{IC} 可以通过试验测定，它是材料本身的特性，取决于材料的成分和组织状态。

断裂韧性不同于前面的五大性能指标，它是强度和韧性的综合体现。K_{IC} 的实用意义在于：只要测出材料的 K_{IC}，用无损探伤法确定零件中实际存在的缺陷尺寸，就可以根据上述关系式判断零件在工作过程中有无脆性开裂的危险；测得 K_{IC} 和半裂纹长度 a 后，就可以确定材料的实际承载能力，所以断裂韧性为无损探伤提供了定量的依据。

传统的设计认为，材料的强度越高，则安全因数越大。但断裂力学认为，材料的脆断与断裂韧性和裂纹尺寸有关，以采用强韧性好的材料为宜，所以材料的强化目前正向着强韧化方向发展。

材料的断裂韧性与热处理的关系极大，正确的热处理可以通过改变材料的组织形态而显著提高其断裂韧性。

1.3.1.6　耐磨性

任何一部机器在运转时，各机件之间总要发生相对运动。由于相对摩擦，摩擦表面逐渐有微小颗粒分离出来形成磨屑，使接触表面不断发生尺寸变化与质量损失，称为磨损。引起磨损的原因既有力学作用，也有物理、化学作用。因此磨损是一个复杂的过程。

1. 磨损的类型与材料的耐磨性

磨损是摩擦的必然结果。为了对比不同材料的磨损特性,可采用磨损量或磨损量的倒数来表示,也可用相对耐磨性 ε 来表示,则有

$$\varepsilon = \frac{标准试样的磨损量}{被测试样的磨损量}$$

磨损量的表示方法很多。从测量上可分为失重法和尺寸法两类,即用试样质量的减少、长度或体积的变化来表示磨损量。

2. 提高材料耐磨性的途径

磨损是造成材料损耗的主要原因,也是零件主要失效形式之一。尽管影响磨损过程的因素很多,但材料的磨损主要是发生在材料表面的变形与断裂过程。因此,提高摩擦副表面的强度、硬度和韧性,是提高材料耐磨性的有效措施。对于不同磨损类型,提高耐磨性的方法不尽相同,下面主要讨论提高材料黏着磨损和磨粒磨损的途径。

改善润滑条件,增强氧化膜的稳定性及氧化膜与基体的结合力,增强表面光洁度以及采用表面热处理都能减轻黏着磨损。对于磨粒磨损,应设法提高表面硬度。但当机件受重载荷,特别是在较大冲击载荷下工作时,要求有较高的硬度和韧性。另外,控制和改变材料第二相的数量、分布和形态等对提高材料的耐磨粒磨损能力有决定性影响。

1.3.2 工程伪装材料的环境负荷性

对不同类型的材料而言,环境对其的损伤或影响程度是不相同的。为了定量描述这种损伤或影响的程度,需要引入一个物理量,这就是材料的环境负荷。

所谓环境负荷是指某一具体材料在其生产、使用、消费或再生过程中耗用的自然资源数量和能源数量,以及其向环境体系排放的各种废弃物(例如气态、固态和液态废弃物)的总量。

1.3.2.1 环境负荷的评价内容

任何材料在其生产(例如金属材料的采矿、冶炼、加工成形等)过程中,均涉及能源的消耗。对于高分子材料和无机材料也是如此,没有能耗就不可能制备材料。材料产业是能源的主要消耗者,其能耗占工业总能耗的40%~50%。

以金属材料为例,其生产过程中涉及大量的资源消耗(见表1-2)。这种资源包括两大类:一类是主原料,例如生产碳钢时的铁矿石;另一类是辅料,例如碳钢生产过程中的脱氧剂、脱硫剂和铁合金等。

表 1-2 生产 1 t 金属的资源消耗量

金属名称	Al	Fe	Ti	Ni	Mn	Cr	Cu	Zn
原料量/t	2.5	2.0	66.7	100	4.0	2.5	200	40
辅料量/t	31.34	21.58	785.66	614.47	25.68	77.3	10.65	123.57

1.3.2.2 污染物的排放

1. 大气污染

空气中的氮、氧、氩三者共占大气总浓度的 99.9% 以上,为大气的主要成分,见表 1-3。此外,大气中还有少量的二氧化碳、稀有气体等。

表 1-3 大气中的主要成分及浓度

成 分	浓度/($\times 10^{-6}$)	成 分	浓度/($\times 10^{-6}$)
氮	780 900	氪	1.0
氧	209 400	一氧化碳	0.5
氩	9 300	氢	0.5
二氧化碳	315	氙	0.008
氖	18	臭氧	0.02
氦	5.2	其他	0.01~0.04
甲烷	1.0~1.2		

大气污染物可以分为自然源和人工源两类。

1) 自然源主要有火山喷发、森林火灾和土壤风化等,一般造成二氧化硫、一氧化碳及沙尘等污染。

2) 人工污染源主要是由工业、交通运输以及居民生活等方面的活动造成的。其中,飞机排放的大气污染物占大气污染总量的 1%~2%,而船舶的排放量仅占 0.05% 左右。居民生活主要由炊饮、取暖、垃圾等活动过程造成大气污染,形成的污染物有一氧化碳、二氧化硫、氮氧化合物、碳氢化合物和烟尘等。

气体污染物是指那些在常温、常压下为气态的有害物质以及某些有害固体或液体的蒸气。

当前,各国普遍列入影响空气质量标准的污染物除颗粒物外,主要是二氧化硫、一氧化碳、二氧化碳、碳氢化物和臭氧等 5 种气体污染物。

一般情况下大气污染物中的颗粒物与二氧化硫之和占 40%,二氧化氮、碳氢化物以及其他废气占30%,一氧化碳占30%。

2. 水体污染

地球上水体总储量,海水占97.3%,冰川和冰冠占2.14%,地面水(包括江河湖泊在内)约占0.02%,地下水占0.61%,大气中的水蒸气不足0.01%。

水是一种宝贵的自然资源,材料的生成和加工都离不开水资源,例如生成1 t钢需要约49 t水资源。

水体受到污染,不仅妨碍了工农业生产,影响了水的生态系统,还直接或间接地危害人体的健康。尤其是重金属元素以可溶离子状态溶解在水中,如果被人体吸收,会导致人产生严重的病变。

水体污染的来源一是生活废水,一般来自居民住宅、医院、学校、商业等生活活动;二是工业废水,主要是由工业生产中一些有害物(如重金属有机物、酸碱盐、油、放射性废水等)混入工业用水造成的。

3. 固体污染物

在生产活动及其他活动过程中产生的各种固态、半固态和高浓度液态废弃物统称为固体废弃物,因这些固体废弃物对环境造成的变质现象称为固体废弃物污染。相应地,这些可污染环境的固体废弃物称为固体污染物。

固体污染物的主要危害形式有侵占土地、污染土壤、污染水体、污染大气和影响环境卫生等。我国固体废弃物的排放量已超过6亿t/a。固态废弃物的堆存占地面积已超过100万亩(1亩= 666.6 m^2),其中农田25万亩。这些固体废弃物被雨雪淋湿,浸出大量毒物和有害物,使土地毒化、酸化、碱化,污染面积往往是所占土地数倍;进入土壤中的各种有害成分还会导致水体污染。

在材料生产中排放的固体废弃物对大气造成的污染不容忽视。如尾矿和粉煤灰在4级以上风力作用下,可飞扬40~50 m,使其周围灰沙弥漫;长期堆放的煤矸石因含硫量高可引起自燃,向大气中散发大量的二氧化硫气体。

由固体废弃物造成的危害中,最为严重的是危险废弃物的污染。易燃、易爆、腐蚀性、剧毒性和放射性固体废弃物既易造成即时性危害,又易产生持续性危害,如在我国有色金属冶炼过程中,每年从固体废物中约流失上千吨砷、上百吨镉、数十吨汞,其危害无法估计。

固体污染物的来源可分为工业、矿业、城市废弃物和放射性废弃物等。

1)工业废弃物主要有冶金钢渣、煤灰、硫铁矿渣、碱渣、含油污泥、木屑以及各种机械加工产生的固体边角料等。

2)矿业废弃物主要来自采、选矿过程中废弃的尾矿。

3)城市固体废弃物主要有生活垃圾、城建渣土以及商业固态废弃物等。

4)放射性废弃物主要有核电站运行排放的废弃核燃料及旧的核电设备等。

1.3.2.3 经济活动与环境负荷

1. 经济活动必须受环境条件的制约

经济活动必须受环境条件的制约。任何环境问题,都是由经济活动造成的。根据科学的预见,今后的经济活动不管愿意与否,都不得不面对环境的制约。环境问题与生产问题对人类造成的压力和后果是不同的,环境问题长远效应可能是引起疾病、死亡;生产问题主要是眼前利益。

不管在什么情况下,如果考虑的只是单方面的经济活动利益,就会陷入被动局面,这是一个客观规律。经济活动必须以环境负荷作为制约条件,地球环境一旦被破坏,就会造成无法挽回的局面。

2. 生产活动的 CO_2 排放

由于 CO_2 的排放量大致和能耗成正比,按产品生产每投入 1 万美元为一个生产单位,比较与其产品制造和使用相关联排放的 CO_2。

例如对汽油来说,将制造一个生产单位的汽油所产生的 CO_2 和将这些汽油燃烧后排放出来的 CO_2 相加起来。这种计算方法是产业关联分析中采用的最基本的计算方法,见表 1-4。

表 1-4 能源产品(每投入 1 万美元)

产品	m_{CO_2}/kg	产品	m_{CO_2}/kg
供热	12 157	LPG(液化石油气)	49 677
都市煤气	18 241	柴油	36 020
厂内发电	70 865	煤油	45 356
电厂发电	19 380	汽油	22 340

1.3.3 材料的物理、化学性能

1.3.3.1 物理性能

材料的物理性能主要有密度、熔点、热膨胀性、导电性和导热性等。不同用途的机械零件,对其物理性能的要求也各不相同。例如,电器零件要求良好的导电性;内燃机的活塞要求材料具有小的热膨胀系数;喷气发动机的燃烧室则需用高熔点的合金来制造等;飞机、火箭、人造卫星等的零件则要用比强度(抗拉强

度/密度)大的金属材料制作,减轻自重。非金属材料(工程塑料)由于密度小,又具有一定的强度,所以具有较高的比强度,可用于要求减轻自重的车辆、船舶和飞机等交通工具上。而复合材料因其可能达到的比强度、比模量最高,所以是一种最有前途的新型结构材料。

材料的一些物理性能,对制造工艺也有一定的影响。例如,高合金钢的导热性很差,当其进行锻造或热处理时,加热速度应缓慢,否则会产生裂纹。

1.3.3.2 化学性能

材料的化学性能主要是指它们在室温或高温时抵抗各种介质的化学侵蚀的能力。在海水和酸、碱、腐蚀性气体、液体等腐蚀性介质中工作的零件必须采用化学稳定性良好的材料。例如,化工设备及医疗器械等,通常采用不锈钢和工程塑料来制造。

1.3.4 材料的工艺性能

材料的工艺性能是材料物理、化学、机械性能的综合。按工艺方法的不同,可分为铸造性、可锻性、焊接性和切削加工性等。在设计零部件和选择工艺方法时,为了使工艺简单、产品质量好、成本低,必须要考虑材料工艺性能是否良好的问题。

1.3.4.1 铸造性能

铸造性能主要是指液态金属的流动性和凝固过程中的收缩和偏析倾向。流动性好的金属或合金易充满型腔,宜浇铸薄而复杂的铸件,熔渣和气体容易上浮,不易形成夹渣和气孔;收缩小,铸件中缩孔、疏松、变形、裂纹等缺陷较少;偏析少,各部分成分较均匀,从而使铸件各部分的机械性能趋于一致。合金钢偏析倾向大,高碳钢偏析倾向又比低碳钢大,因此合金钢铸造后要用热处理来清除偏析。常用金属材料中,灰铸铁和锡青铜铸造性较好。

1.3.4.2 可锻性能

可锻性能是指材料在受外力锻打变形而不破坏自身完整性的能力。可锻性包含材料的可塑性和变形抗力两个概念。塑性好,变形抗力小,则可锻性好。低碳钢的可锻性比中、高碳钢好,而碳钢又比合金钢好。铸铁是脆性材料,不能进行锻造。

1.3.4.3 焊接性能

焊接性能是指材料是否适宜通常的焊接方法与工艺的性能。焊接性能好的材料易于用一般的焊接方法和工艺施焊,且焊时不易形成裂纹、气孔和夹渣等缺陷,焊后接头强度与母材相近。低碳钢有优良的焊接性能,高碳钢和铸铁的焊接性能则较差。

1.3.4.4　切削加工性能

切削加工性能是指材料是否易于切削。切削性能好的材料切削时消耗的动力小,切屑易于排除,刀具寿命长,切削后表面光洁度好。需切削加工的材料,硬度要适中,太高则难以切削,且刀具寿命短;太软则切屑不易断,表面光洁度差。故通常要求材料的硬度为 HBS180～HBS250。材料太硬或太软时,可通过热处理来进行调整。

1.3.4.5　热处理性能

热处理是改变材料性能的主要手段。在热处理过程中,材料的成分、组织、结构发生变化,从而引起材料机械性能变化。热处理性能是指材料热处理的难易程度和产生热处理缺陷的倾向,其衡量的指标或参数很多,如淬透性、淬硬性、耐回火性、氧化与脱碳倾向及热处理变形与开裂倾向等。

第 2 章　迷彩伪装材料

用涂料、染料或其他材料,按一定要求消除或减小目标、遮障和背景之间在反射或辐射紫外、可见光、红外线和雷达波等方面差别的伪装方法称为迷彩伪装。迷彩伪装中所用的器材称为迷彩伪装器材。它包括各种伪装涂料、染料以及就便材料。

当前,防紫外、可见光和近红外侦察的迷彩伪装技术已经成熟,实用性的光学迷彩涂料产品已较多,应用也比较广泛。美陆军条令要求所有战备装备均应采用聚氨酯涂料喷涂标准伪装图案。热红外伪装涂料(如隔热伪装涂料和低发射率伪装涂料)已达到实用阶段,微波吸收涂料的研制与使用始于第二次世界大战期间,国外在这方面投入了很多人力和经费,能够用于战场反雷达伪装的涂料也逐渐增多。

2.1　伪 装 涂 料

涂料是以树脂或油脂为主体,不含颜料或含有颜料,并能在物体的表面形成一个光滑紧密、附着力强的漆膜的物质。将它涂在物体表面上,能干结成一层薄膜,使物体的表面和大气(或其他物质)隔开,起保护和伪装(或装饰)等作用。伪装涂料是涂敷于物体表面能起到防敌方光学、红外线等多波段侦察作用的一种特殊的涂料。

使用伪装涂料对目标实施迷彩伪装是最早采用的伪装技术之一。采用迷彩伪装涂料将目标的外表面涂敷成各种大小不一的斑块和条带等图案,不仅可防可见光探测,还可防紫外线、近红外线和雷达的探测。这是一种最基本的伪装措施,其目的是改变目标的外形轮廓,使之与背景相融合,减小军事目标与地形背景之间的反差,以降低被发现的概率。

2.1.1　伪装涂料的分类

经过长期的发展,伪装涂料品种特别繁杂。多年来根据习惯形成了各种不同的涂料分类方法,现通行的涂料分类有以下 11 种:

1) 按对付的侦察手段分类,有防光学侦察伪装涂料、防红外侦察伪装涂料、防雷达侦察微波吸收涂料等。国外还有对付光学侦察的变色涂料和对付激光指示器的专用涂料、多谱段伪装涂料。

2) 按主要成膜物质分类,有醇酸树脂型、聚乙烯缩丁醛型、乙聚共聚物型、醋酸丁基纤维型以及水性型等。

3) 按用途分类,有屋面沥青涂料、飞机涂料、土壤伪装漆料、沙漠用伪装漆、海上目标伪装涂料等。

4) 按涂料的形态分类:①固态的涂料,即粉末涂料;②液态的涂料,包括有溶剂和无溶剂两类。有溶剂的涂料又分为溶剂型涂料(即溶剂溶解型,也称溶液型涂料,包括常规型和高固体分型两类)、溶剂分散型涂料和水性涂料(包括水稀释型、水乳胶型和水溶胶型)。无溶剂的涂料包括通称的无溶剂涂料和增塑剂分散型涂料(即塑性溶胶)。

5) 按涂料的成膜机理分类:①非转化型涂料,包括挥发型涂料、热熔型涂料、水乳胶型涂料和塑性溶胶;②转化型涂料,包括氧化聚合型涂料、热固化涂料、化学交联型涂料和辐射能固化型涂料。

6) 按涂料施工方法分类:①刷涂涂料;②辊涂涂料;③喷涂涂料;④浸涂涂料;⑤淋涂涂料;⑥电泳涂料,包括阳极电泳漆、阴极电泳漆。

7) 按涂膜干燥方式分类:常温干燥涂料(自干漆)、加热干燥涂料(烘漆)、湿固化涂料、蒸汽固化涂料、辐射能固化涂料(光固化涂料和电子束固化涂料)。

8) 按涂料使用层次分类:底漆(包括封闭漆)、腻子、二道底漆和面漆(包括调和漆、磁漆、罩光漆等)。

9) 按涂膜外观分类:①按照涂膜的透明状况,清澈透明的称为清漆,其中带有颜色的称透明漆,不透底的通称色漆;②按照涂膜的光泽状况,分为有光漆、半光漆和无光漆;③按照涂膜表面外观,分为皱纹漆、锤纹漆、桔纹漆、浮雕漆等。

10) 按涂料使用对象分类:①按使用对象的材质,分为钢铁用涂料、轻金属涂料、纸张涂料、皮革涂料、塑料表面涂料、混凝土涂料等;②按使用对象的具体物件,分为汽车涂料、船舶涂料、飞机涂料等。

11) 按涂膜性能分类,有绝缘漆、导电漆、防锈漆、耐高温漆、防腐蚀漆和可剥漆等。

以上列举的各种分类方法各具特点,但都是从某一角度来考虑,不能把涂料的所有产品的特点都包含进去。

2.1.2 涂料的组成

涂料要经过施工在物件表面而形成涂膜,因而涂料的组成中就包含了为完成施工过程和组成涂膜所需要的组分。其中组成涂膜的组分是最主要的,是每一个涂料品种中所必需含有的,这种组分通称为成膜物质。在带有颜色的涂膜中颜料是其组成中的一个重要组分。为了完成施工过程,涂料组成中有时含有溶剂组分。为了施工和涂膜性能等方面的需要,涂料组成中有时含有助剂组分。因此,涂料组成中包含成膜物质、颜料、助剂和溶剂等四个组分。

2.1.2.1 成膜物质

成膜物质是组成涂料的基础,它具有黏着涂料中其他组分形成涂膜的功能。它对涂料和涂膜的性质起决定作用。

可以作为涂料成膜物质使用的物质品种很多。原始的涂料的成膜物质是油脂,主要是植物油,到现在仍在应用。后来大量使用树脂作为涂料成膜物质。树脂是一类以无定形状态存在的有机物,通常指未经过加工的高分子聚合物。过去,涂料使用天然树脂为成膜物质,现代则广泛应用合成树脂,包括各种热塑性树脂和热固性树脂。

涂料成膜物质具有的最基本特性是它能经过施工形成薄层的涂膜,并为涂膜提供所需要的各种性能。它还要能与涂料中所加入的必要的其他组分混容,形成均匀的分散体。具备这些特性的化合物都可用为涂料成膜物质。它们的形态可以是液态,也可以是固态。

现代用作涂料成膜物质的化合物经不断发展,品种越来越多。按其本身结构与所形成涂膜的结构比较来划分,现代涂料成膜物质分为以下两大类。具体见表2-1。

1)成膜物质在涂料成膜过程中组成结构不发生变化,即成膜物质与涂膜的组成结构相同,在涂膜中可以检查出成膜物质的原有结构,这类成膜物质称为非转化型成膜物质,它们具有热塑性,受热软化,冷却后又变硬,多具有可溶解性。由此类成膜物质构成的涂膜,具有与成膜物质同样的化学结构,也是可溶可熔的。

属于这类成膜物质的品种有:①天然树脂,包括来源于植物的松香(树脂状低分子化合物),来源于动物的虫胶,来源于化石的琥珀、柯巴树脂等,和来源于矿物的天然沥青;②天然高聚物的加工产品,如硝基纤维素、氯化橡胶等;③合成的高分子线型聚合物,即热塑性树脂,如过氯乙烯树脂、聚乙酸乙烯树脂等。用于涂料的热塑性树脂与用于塑料、纤维、橡胶或胶黏剂的同类品种,组成、相对分子质量和性能都不相同,它应按照涂料的要求制成。

表 2-1 成膜物质分类表

成膜物质类别	主要成膜物质
油脂	天然植物油、动物油(脂)、合成油等
天然树脂	松香及其衍生物、虫胶、乳酪素、动物胶、大漆及其衍生物等
酚醛树脂	酚醛树脂、改性酚醛树脂等
沥青	天然沥青、(煤)焦油沥青、石油沥青等
醇酸树脂	甘油醇酸树脂、季戊四醇醇酸树脂、其他醇类的醇酸树脂、改性醇酸树脂等
氨基树脂	三聚氰胺甲醛树脂、脲(甲)醛树脂等
硝酸纤维素(酯)	硝酸纤维素(酯)
纤维素酯、纤维素醚	乙酸纤维素(酯)、乙酸丁酸纤维素(酯)、乙基纤维素、苄基纤维素等
过氯乙烯树脂	过氯乙烯树脂
烯类树脂	聚二乙烯乙炔树脂、聚多烯树脂、氯乙烯共聚树脂、聚乙酸乙烯及其共聚物、聚乙烯醇缩醛树脂、聚苯乙烯树脂、含氟树脂、氯化聚丙烯树脂、石油树脂等
丙烯酸树脂	热塑性丙烯酸树脂、热固性丙烯酸树脂等
聚酯树脂	饱和聚酯树脂、不饱和聚酯树脂等
环氧树脂	环氧树脂、环氧酯、改性环氧树脂等
聚氨酯树脂	聚氨(基甲酸)酯树脂
元素有机化合物	有机硅树脂、有机钛树脂、有机铝树脂等
橡胶	氯化橡胶、环化橡胶、氯丁橡胶、氯化氯丁橡胶、丁苯橡胶、氯磺化聚乙烯橡胶等
其他	以上16类不包含的成膜物质,如无机高分子材料、聚酰亚胺树脂、二甲苯树脂等

2)成膜物质在成膜过程中组成结构发生变化,即成膜物质形成与其原来组成结构完全不相同的涂膜,这类成膜物质称为转化型成膜物质。它们都具有能起化学反应的官能团,在热、氧或其他物质的作用下能够聚合成与原有组成结构不同的不溶不熔的网状高聚物,即热固性高聚物。因而所形成的涂膜是热固性

的,通常具有网状结构。

属于这类成膜物质的品种有:①干性油和半干性油,主要是来源于植物的植物油脂,它们是具有一定数量官能团的低分子化合物;②天然漆和漆酚,也属于含有活性基团的低分子化合物;③低分子化合物的加成物或反应物,如多异氰酸酯的加成物;④合成聚合物,有很多类型。属于低聚合度低相对分子质量的聚合物:聚合度为5~15的齐聚物、低相对分子质量的预聚物和低相对分子质量的缩聚型合成树脂,如酚醛树脂、醇酸树脂、聚氨酯预聚物、丙烯酸酯齐聚物等。属于线型高聚物的合成树脂,如热固性丙烯酸树脂等。现在还开发了多种新型聚合物(如集团转移聚合物、互穿网络聚合物等),品种不断扩展。

现代涂料很少使用单一品种的成膜物质,而经常是采用几个树脂品种,互相补充或互相改性,以适应多方面性能要求。随着科学技术的进步,将会有更多品种的合成材料应用于涂料的成膜物质。

2.1.2.2 颜料

颜料是有颜色的物质,是通称的色漆的一个主要组分。颜料使涂膜呈现色彩,并使其具有一定的遮盖被涂物件表现的能力,以发挥其装饰和保护作用。颜料还能增强涂膜的机械性能和耐久性能。有些颜料还能为涂膜提供某一种特定功能,如防腐蚀、导电、防延燃等。

颜料一般为微细的粉末状有色物质。将其均匀分散在成膜物质或其溶液或其分散体中之后即形成色漆,在成为涂膜之后颜料均匀散布在涂膜中。因此,色漆的涂膜实质上是颜料和成膜物质的固-固分散体。

颜料的品种很多,各具有不同的性能和作用。在配制涂料时,根据所要求的不同性能,选用合适的颜料。

颜料按其来源可分为天然颜料和合成颜料两类;按其化学成分分为无机颜料和有机颜料;按其在涂料中所起的作用可分为着色颜料、体质颜料、防锈颜料和特种颜料。每一类都有很多品种。

在涂料中最早使用的多是天然的无机颜料,现代涂料则广泛使用合成颜料,其中有机颜料不断发展,但仍以使用无机颜料为主。

着色颜料是涂料中广泛应用的颜料类型,随着国民经济的发展,特种颜料将占有越来越重要的地位。

2.1.2.3 助剂

助剂,也称为涂料的辅助材料组分,它是涂料的一个组成部分,但它不能单独自己形成涂膜,而是在涂料成膜后作为涂膜中的一个组分存在。助剂的作用是对涂料或涂膜的某一特定方面的性能起改进作用。不同品种的涂料需要使用不同作用的助剂；即使同一类型的涂料由于其使用的目的、方法或性能要求的不同，也需要使用不同的助剂；一种涂料中可使用多种不同的助剂，以发挥其不同的作用。总之，助剂的使用是根据涂料和涂膜的不同要求而决定的。原始的涂料使用种类有限的助剂，现代的涂料则使用了种类众多的助剂，而且不断发展。现代用作涂料助剂的物质包括多种无机和有机化合物，其中也包括高分子聚合物，具体品种在近年大幅增加。

根据助剂对涂料和涂膜所起的作用，现代涂料所使用的助剂可分为以下4种：

1) 对涂料生产过程发生作用的助剂，如消泡剂、润湿剂、分散剂、乳化剂等；
2) 对涂料贮存过程发生作用的助剂，如防结皮剂、防沉淀剂等；
3) 对涂料施工成膜过程发生作用的助剂，如催干剂、固化剂、流平剂、防流挂剂等；
4) 对涂膜性能发生作用的助剂，如增塑剂、平光剂、防霉剂、阻燃剂、防静电剂、紫外线吸收剂等。

助剂在涂料中使用时，虽然用量很少，但能起到显著的作用，因而助剂在涂料中的应用越来越受到重视，助剂的应用技术已成为现代涂料生产技术的重要内容之一。

2.1.2.4 溶剂

溶剂是不包括无溶剂涂料在内的各种液态涂料中所含有的，为使这些类型液态涂料完成施工过程所必需的一类组分。它原则上不构成涂膜，也不应存留在涂膜之中。溶剂组分的作用是将涂料的成膜物质溶解或分散为液态，以使其易于施工成薄膜，而在施工后又能从薄膜中挥发至大气中，从而使薄膜形成固态的涂膜。溶剂组分通常为可挥发性液体，习惯上称之为挥发分。作为溶剂组分包括能溶解成膜物质的溶剂，能稀释成膜物质溶液的稀释剂和能分散成膜物质的分散剂，习惯统称为溶剂。现代的某些涂料中应用了一些既能溶解或分散成膜物质，又能在施工成膜过程中与成膜物质发生化学反应形成新的物质而存留于涂膜中的化合物，它们原则上也属于溶剂组分。其中以有机化合物品种最多，常用的有脂肪烃、芳香烃、醇、酯、醚、酮、萜烯、含氯有机物等，总称为有机溶剂。现代涂料中溶剂组分所占比例还是很大的，一般达到50%（体积比）。有的是在涂料中加入，有的是在涂料施工中加入。

溶剂品种的选用是根据涂料和涂膜的要求而确定的。一种涂料可以使用一个溶剂品种，也可使用多个溶剂品种。溶剂组分虽然主要作用是将成膜物质变成液态的涂料，但它对涂料的生产、贮存、施工和成膜、涂膜的外观和内在性能都会产生重要的影响，因此生产涂料时选择溶剂的品种和用量是不能忽视的。溶剂组分虽是制备液态涂料所必需的,但它在施工成膜以后要挥发掉,造成资源的损失,特别是使用具有光化学反应性的溶剂,在涂料生产和施工过程中造成环境污染,危害人类健康,这些都是使用溶剂组分带来的严重问题。努力解决这些问题,是涂料发展的一个重要方向,目前已取得很多明显成果。

2.1.3 涂料的成膜

生产和使用涂料的目的是为了得到符合需要的涂膜,涂料形成涂膜的过程直接影响涂料能否充分发挥预定的效果,以及所得涂膜的各种性能能否充分表现出来。涂料的成膜包括将涂料施工在被涂物件表面和使其形成固态的连续的涂膜两个过程。

不同形态和组成的涂料有各自的成膜机理,成膜机理是由涂料所用的成膜物质的性质决定的。依据成膜机理决定了涂料最佳的施工方式和成膜方式。涂料的成膜方式的确定还受涂料中各种组分品种和比例的影响。根据涂料现用的成膜物质的性质,涂料的成膜方式可分为两大类:由非转化型成膜物质组成的涂料以物理方式成膜;由转化型成膜物质组成的涂料以化学方式成膜。两大类成膜方式中又有不同的方式。现代的涂料大多不是以一种单一的方式成膜,而是依靠多种方式形成最终的涂膜。各种不同的成膜方式需要不同的成膜条件,成膜条件的变化将影响成膜的效率和效果。

2.1.3.1 物理成膜方式

1. 溶剂或分散介质的挥发成膜

这是溶液型或分散型液态涂料在成膜过程中必须经过的一种形式。液态涂料涂在被涂物件上形成"湿膜",其中所含有的溶剂或分散介质挥发到大气中,涂膜黏度逐步加大至一定程度而形成固态涂膜。如果成膜物质是非转化型成膜物质,这时就完成了涂料成膜的全过程;如果成膜物质是转化型的,即将在溶剂或分散介质的挥发的同时再用化学方式成膜。这种挥发成膜方式是液态溶液型或分散型涂料生产的逆过程。涂膜的干燥速度和干燥程度直接与所用溶剂或分散介质的挥发能力相关联,同时与溶剂在涂膜中的扩散程度及成膜物质的化学结构、相对分子质量和玻璃化温度有关,也和成膜时的条件和涂膜的厚度有关。现代涂料品种中硝酸纤维素漆、过氯乙烯漆、沥青漆、热塑性乙烯树脂漆、热塑性丙烯酸树脂漆和橡胶漆都以溶剂挥发方式成膜。其他溶液型或分散型涂料,凡含有溶剂或分散介质组分的,在成膜时都要经过溶剂或分散介质的挥发过程。

2. 聚合物粒子凝聚成膜

这种成膜方式是涂料依靠其中作为成膜物质的高聚物粒子在一定的条件下

互相凝聚而成为连续的固态涂膜。这是分散型涂料的主要成膜方式。含有可挥发的分散介质的分散型涂料(如水乳胶涂料、非水分散型涂料以及有机溶胶等),在分散介质挥发的同时产生高聚物粒子的接近、接触、挤压变形而聚集起来,最后由粒子状态的聚集变为分子状态的聚集而形成连续的涂膜。如果涂料是由转化型成膜物质组成的,那就在以化学方式形成高聚物以后,再通过粒子凝聚而形成涂膜。所谓水溶性涂料的成膜也是依靠聚合物粒子凝聚为其主要成膜方式。含有不挥发的分散介质的涂料(如塑性溶胶),它的成膜也是由于分散在介质中的高聚物粒子溶胀、凝聚成膜。固态的粉末涂料在受热的条件下通过高聚物粒子热熔、凝聚而成膜,由热固性树脂组成的粉末涂料在成膜时还经过化学反应方式的成膜过程。

2.1.3.2 化学成膜方式

1. 链锁聚合反应成膜

现代的涂料的链锁聚合反应成膜形式有以下三种:

1)氧化聚合形式。原始的以天然油脂为成膜物质的油脂涂料,以及以后出现的含有油脂组分的天然树脂涂料、酚醛树脂涂料、醇酸树脂涂料和环氧酯涂料等都是依靠氧化聚合成膜的。氧化聚合属于自由基链式聚合反应,由于所含油脂组分大多为干性油,即混合的不饱和脂肪酸的甘油酯,通过氧化聚合这种自由基链式聚合反应,在最后可形成网状大分子结构。当然,因其具有不同的相对分子质量,所以所得的涂膜是相对分子质量不同的高聚物的混合体。油脂的氧化聚合的速度与其所含亚甲基基团数量、位置和氧的传递速度有关。利用钴、锰、铅、锆等金属促进氧的传递,可加速含有干性油组分的涂料的成膜。

2)引发剂引发聚合形式。不饱和聚酯涂料是典型的依靠引发剂引发聚合成膜的。不饱和聚酯树脂含有不饱和基团,当引发剂分解产生自由基以后,作用于不饱和基团,产生链式反应而形成大分子的涂膜。

3)能量引发聚合形式。一些以含共价键的化合物或聚合物为成膜物质的涂料可以通过能量引发聚合形式而形成涂膜。由于共价键均裂需要较大能量,现代涂料采用了紫外线和辐射能引发作为能量引发的主要形式。以紫外线引发成膜的涂料通称光固化涂料,在光敏剂的存在下,涂料的成膜物质的自由基加聚反应进行得非常迅速,涂料可在几分钟内固化成膜。利用电子辐射成膜的涂料通称电子束固化涂料。电子具有更大的能量,能直接激发含有共价键的单体或聚合物生成自由基,在以秒计的时间内完成加聚反应,从而使涂料固化成膜。电子束固化是目前涂料最快的成膜方式。

2. 逐步聚合反应成膜

依据逐步聚合反应机理成膜的涂料,它们的成膜物质多为分子键上含有可反应官能团的低聚物或预聚物,其成膜形式有缩聚反应形式、氢转移聚合反应和外加交联剂固化形式三种。

1)缩聚反应形式。以含有可发生缩聚反应的官能团的成膜物质组成的涂料按照缩聚反应机理成膜,典型的依靠缩聚反应形式成膜的涂料是氨基醇酸树脂涂料。通过氨基树脂中的烷氧基与醇酸树脂中的羟基的缩聚反应,而形成以体型结构为主的高分子涂膜,在成膜时有小分子化合物从膜中逸出。氨基聚酯涂料和氨基丙烯酸涂料同样以缩聚反应形式成膜。

2)氢转移聚合反应形式。以含有如氨基、酰胺基、羟甲基、环氧基、异氰酸基等可发生氢转移聚合反应的官能团的成膜物质组成的涂料,按氢转移聚合反应形式成膜。在成膜过程中没有小分子化合物生成,所得涂膜以体型结构高聚物为主。有两种类型的涂料以此方式成膜:一种是由含有两种不同的官能团的成膜物质组成的"自交联型"涂料,如自交联型丙烯酸涂料;另一种是由两种或两种以上分别含有不同官能团的成膜物质组成的涂料,常见的是胺、酸酐或含官能团树脂固化的环氧树脂涂料和聚氨酯涂料,多为分别包装即所谓双组分涂料。

3)外加交联剂固化形式。有些低相对分子质量线型树脂为成膜物质的涂料,可以依靠外加物质与之反应而固化成膜。外加物质可称为交联剂或催化剂,一般使用量较少。如催化型聚氨酯涂料即是以此方式成膜。除此以外,依靠成膜时的外界环境条件也能成膜,可以说是这种成膜形式的变化形式,如湿固型聚氨酯涂料是依靠外界环境中的水分存在而成膜的,近年开发的氨蒸气固化型聚氨酯涂料是依靠在成膜时氨蒸气的存在而成膜的。

2.1.4 雷达伪装涂料

雷达伪装涂料实质上是一种将吸波材料与高分子溶液、乳液或液态高聚物混合而制成的功能复合材料。雷达伪装涂料包含基体和吸波剂两部分,一般来说,基体起黏结、支持和抗环境的作用,吸波剂起电磁损耗的作用。目前,研究和开发高性能的雷达吸波材料成为各国军事技术领域的一个重大课题。

2.1.4.1 碳系吸波涂料

碳系吸波涂层材料主要有石墨、炭黑、碳纤维、碳纳米管和石墨烯等。传统碳系材料,如石墨、炭黑等,在吸波涂层材料领域应用较早,但近年来对其研究较少,已不再是该领域研究的热点。与石墨、炭黑等传统碳系材料相比,碳纤维、碳纳米管、石墨烯等新型碳系材料具有更优异的性能。

1. 碳纤维

碳纤维是一种低密度、高比强度、低电阻率的碳基材料。碳纤维是良好的导体,对雷达波具有强反射作用。普通碳纤维难以直接用作吸波涂层材料,对碳纤维进行短切处理后分散到基体树脂当中制备复合吸波涂层,能够有效解决这一问题。

Li 等制备了以中孔碳纳米纤维装饰的 $CoFe_2O_4$/CNFs 复合材料。实验发现,$CoFe_2O_4$/CNFs 具有优良的电磁波吸收性能,当 CNFs 的掺杂质量为 20%,复合材料厚度为 3.5 mm 时,$CoFe_2O_4$/CNFs 的最小反射损耗在 9 GHz 的频率下达到±14 dB,当厚度为 2.5 mm 时,有效吸收带宽范围可达到 3.6 GHz。实验表明,丰富材料损耗机制的多样性,构建纤维的分层纳米结构,使得 $CoFe_2O_4$/CNFs 复合材料成为一种潜在的新型微波吸收材料。

Rosa 等研究制备了由多壁碳纳米管(MWCNT)、短镍涂覆的碳纤维(NiCF)、毫米长碳纤维(SCF)填充的多相复合涂料。实验结果显示,当掺杂了质量分数为 4% 的 NiCF 和 2 mm 的 SFCs 时,该复合材料具有较为优异的吸波性能;当电磁波频率在 8~12 GHz 时(即 X 波段)时,反射率为 −10 dB;当电磁波频率在 12~18 GHz 时(即 Ku 波段)时,涂层的反射率为 −10 dB。

Wang 等合成了 NiSn/CNFs 杂化粒子,与纯纳米粒子 CNFs 和 Ni_3Sn_2 相比,合成的 NiSn/CNFs 杂化粒子在高反射损耗和宽带宽方面得到了显著增强,当 Ni_3Sn_2 的质量分数为 52.26% 时,在 7.36 GHz 下达到最大反射损耗(−39.81 dB)时,吸收频带为 12.76~18 GHz,带宽约为 5 GHz。

2. 碳纳米管

碳纳米管由于其特有的螺旋、管状结构、高的损耗正切角及电阻振幅随磁场变化的阿哈罗诺夫-玻姆(AB)效应等,呈现出更好的高频宽带吸收特性。碳纳米管的吸波机理主要是其作为偶极子在电磁场作用下产生耗散电流,耗散电流在周围的基体作用下衰减,从而使得电磁能转化成热能耗散。将碳纳米管作为吸波剂添加到环氧树脂、丙烯腈-丁二烯-苯乙烯共聚物(ABS)树脂、聚苯胺等聚合物中,可以制备出兼具吸波性能和优越力学性能的伪装吸波涂料。

赵鹏飞等通过机械共混法制备了多壁碳纳米管和二硫化钼掺杂的丁苯橡胶,并对复合材料的吸波性能进行了测试。实验结果显示,MoS_2/MWCNTs/SBR 复合材料的最大反射损耗(RL)达到 −37.07 dB,有效吸收频宽(RL<−10 dB)达 2.08 GHz,均优于单组分填充的复合材料,在吸波伪装材料领域具有潜在的应用前景。通常 MoS_2 表现出宽频吸收的特点,但是本研究中复合材料的有效吸收带宽仅为 2.08 GHz,与现有文献的报道不同,这可能与 MoS_2 在

交联橡胶体系中很难剥离以及单片均匀分散有关。

3. 石墨烯

石墨烯是一种具有二维层状结构的新型碳材料,具有优异的导电性、超高的比表面积和超低密度等特性,是理想的介电损耗型微波吸收材料。单独使用石墨烯时,其高导电性会导致阻抗匹配明显失衡,这阻碍了其作为吸波材料的进一步研究。因此,将石墨烯与不同吸波机制的材料复合是当前石墨烯吸波材料发展的趋势。

席嘉彬制备了一种具有双连续结构的多孔石墨烯/聚合物复合泡沫。研究结果表明,石墨烯填充量以及微观结构对材料的吸波性能都具有重要的影响。石墨烯含量为 3.40 mg/cm^3,厚度为 4 mm 的双连续泡沫的最大吸收达到 -34.8 dB,吸收带宽达到 9 GHz。此外,双连续泡沫具有高强度、高弹性等优点,是一种易生产、低成本、高性能的多功能材料。

2.1.4.2 铁氧体吸波涂料

铁氧体是一种具有铁磁性的金属氧化物,铁氧体的吸波性能来源于其既有亚铁磁性又有介电性能,它的相对磁导率和相对电导率均呈复数形式,既能产生介电损耗又能产生磁滞损耗,因此铁氧体吸波材料具有良好的吸波性能,但是单一铁氧体吸波材料难以满足"吸波厚度薄、材料质量轻、频率范围广、吸收效果好"的要求,因此在铁氧体中掺入其他吸收剂调节电磁参数,使其得到较好匹配,从而得到更好的吸波效果。

陈明东等利用柠檬酸配合物形成的溶胶凝胶制备了钴铁氧体,并将所得铁氧体与碳纳米管混合均匀,制得含不同质量分数碳纳米管的复合吸波材料。实验结果显示,碳纳米管的含量对涂层的吸波性能影响很大,涂层厚度为 1 mm 时,碳纳米管的含量为 20% 时吸波效果最好,损耗值达 -19.2 dB,低于 -10 dB 的有效带宽可达 3.1 GHz。

翁兴媛等采用水热合成法制备出锰锌稀土铁氧体 $Mn_{0.4}Zn_{0.6}Nd_xFe_{2-x}O_4$ ($x=0,0.03,0.06,0.09$),并且研究了不同 Nd^{3+} 掺量下锰锌铁氧体的吸波性能。研究结果表明,在 16~18 GHz 频率测试范围内,反射损耗随着掺杂含量的增加而增大,当掺量 $x=0.03$ 时,最低反射损耗达 -8.36 dB,铁氧体材料具有较为优异的吸波性能。由此可见,掺杂可以有效提高锰锌铁氧体材料的吸波性能。

2.1.4.3 金属微粉吸波涂料

金属微粉吸波材料主要有以下两类:①羰基金属微粉吸波材料;②通过蒸发、还原、有机醇盐等工艺得到的磁性金属微粉吸波材料。金属微粉吸收剂对于雷达波具有强损耗吸收,金属微粉的损耗机制主要是铁磁共振吸收和涡流损耗。

目前,金属微粉吸波材料已广泛应用于伪装技术,但是金属微粉抗氧化能力和耐酸碱能力较差,介电常数较大,低频段吸收性能较差。实验发现,磁性金属微粉通过改性可以获得良好的低频吸波性能。

范明远先通过熔融共混的方法制备了羰基铁粉/聚丙烯和羰基铁粉/ABS复合材料,之后又通过熔融沉积成形(FDM)的方法制备了羰基铁粉/ABS复合材料制件和具有不同阵列孔隙结构的吸波测试样板。实验结果显示,在18～26 GHz频段,羰基铁粉含量和孔隙面积对复合材料的吸波性能有一定的影响,具有相同孔隙面积的样板中孔形较窄的样板(长方形狭缝)具有更好的吸波性能,甚至高频段吸波性能要优于没有孔隙结构的样板,在23.5～26 GHz其反射损耗均小于−10 dB,最小可达−11.3 dB,实现了"高吸低透"。

2.1.4.4 陶瓷型吸波涂料

高速飞行器组件上的雷达吸波材料要承受长时间的高温,而陶瓷材料具有优良的力学和热学性能,同时又具有吸波功能,因此已被广泛用作吸波剂。目前,国内外研制开发的陶瓷类吸波材料主要有碳化硅、氮化硅、氧化铝、硼硅酸铝材料或纤维等,特别是碳化硅纤维或材料。

郝婧等采用静电纺丝结合高温处理技术制备了碳化硅纳米纤维,制得的碳化硅纳米纤维直径约为800 nm,长度可达几十微米,并通过矢量网络分析仪对材料进行了测试。实验结果显示,当碳化硅纳米纤维-石蜡复合样品的厚度为1.6 mm时,在15.8 GHz处达到的最小反射损耗(RL_{min})为−40 dB,有效吸收带宽为3.8 GHz,显示出了良好的吸波性能。

王庆禄等利用改进的化学镀法,使用机械搅拌和超声分散相结合的方法,在预处理后的微米碳化硅颗粒表面沉积钴铁合金。实验结果显示,当吸波层厚度为2.4 mm时,反射率在10 dB以上的吸收带宽达到3.8 GHz,20 dB带宽可以达到1.5 GHz。当吸波层厚度为2.3 mm时,频率为12.7 GHz时达到最大吸收峰值(−43 dB)。实验证明,在碳化硅材料表面沉积钴铁合金是一种有效改进材料微波吸收性能的方法,且该材料是一种高效、宽频的微波吸收材料。

2.1.4.5 稀土元素吸波涂料

近年来,国内部分学者对稀土吸波材料的研究较为活跃,稀土吸波材料的研究主要集中在用稀土元素对铁氧体进行改性和以稀土材料为基体制备吸波材料。

刘渊等采用溶胶-凝胶法,制备 $Sr_{0.8}Re_{0.2}Fe_{11.8}Co_{0.2}O_{19}$(Re=La,Nd)复合铁氧体。研究发现,稀土离子掺杂使铁氧体样品的复介电常数(ε'和ε'')增大,与Nd^{3+}掺杂样品相比,La^{3+}掺杂样品的介电损耗和磁损耗改善更为明显。利用传输线理论优化设计时发现,厚度在 1.2~2.4 mm 之间时,$Sr_{0.8}La_{0.2}Fe_{11.8}Co_{0.2}O_{19}$ 的反射率峰值随厚度的增加先减少后增加,逐渐向低频移动;当厚度为 2 mm 时,其反射率峰值达到最小值[-27.8 dB(11.8 GHz)],小于-10 dB 的吸波带宽为 5.2 GHz。

2.1.4.6 视黄基席夫碱盐吸波涂料

视黄基席夫碱盐是一种聚合物,该物质在受到电磁波作用时,其原子会进行一种短暂的重新排列,从而吸收电磁能量。视黄基席夫碱盐可以作为高效吸波剂,是美国卡内基-梅隆大学的比格教授等人发现的,这种吸波剂的质量大约只有铁氧体的1/10,对雷达波的衰减可达80%以上,特定类型的视黄基席夫碱盐可吸收特定波长的雷达波,因此通过对这些特定的视黄基席夫碱盐进行搭配、组合,能够达到宽频的吸波效果。

刘虎腾等以维生素 A 醋酸酯为原料,制备稀土 La^{3+},Ce^{3+} 配合乙二胺视黄基席夫碱盐。结果表明,稀土离子与席夫碱形成了配位键;La^{3+} 配合席夫碱于 12.9 GHz 处反射率达-16 dB,Ce^{3+} 配合席夫碱于 12.7 GHz 处反射率达-18.8 dB(优于-10 dB,频宽为 3.4 GHz);其吸波性能均优于同类型非稀土配合席夫碱。

2.1.4.7 导电高分子吸波涂料

导电高分子吸波涂料主要是利用某些具有共轭主链的高分子聚合物,通过化学或电化学方法与掺杂剂进行电荷转移作用来设计其导电结构,实现阻抗匹配和电磁损耗,从而吸收雷达波。目前,导电高分子涂料尚处于实验室研究阶段,单一的导电高聚物的吸波频率较窄,提高材料的吸收率和展宽频带是导电高聚物吸波材料的研究与发展重点。

刘日杰通过两步法设计合成了三元还原氧化石墨烯(rGO)/Fe_3O_4/PANI(GMP)复合材料。先用水热法制备了 rGO/Fe_3O_4(GM)二元复合材料;然后在 GM 表面进行原位苯胺聚合反应制备得到三元 GMP 复合材料。样品厚度 2 mm 时 GMP 的微波吸收性能在 14.4 GHz 时达到-28.2 GHz,小于-10 dB 的带宽达到 5.4 GHz。

2.1.4.8 放射性同位素吸波涂料

在涂料中加入放射性同位素,利用其放射出的高能射线使目标附近的局部空间发生电离,产生一个等离子屏,形成含有大量的自由电子并与自由空间相匹配的等离子体区,可以吸收频带相当宽的电磁波,所用的同位素主要有 ^{210}Po、^{242}Cm、^{90}Sr 等。

2.1.4.9 手性吸波涂料

手性是指一种物质与其镜像不存在几何对称性,且不能通过任何操作使其与镜像重合。具有手性特性的材料能减少电磁波的反射,并能吸收电磁波。手性材料吸波机理的主要特点是旋波作用机制,可以通过 ε、μ 以及手性参数三个变量来调节吸波材料的电磁波传输特性。手性吸波剂的优势在于手性参数易于调节,并且对频率敏感性低,易实现宽频吸收,目前研究的雷达吸波型手性材料是在基体材料中掺杂手性结构物质形成的手性复合材料。

2.1.5 伪装涂料展望

当前,伪装涂料研究开发的趋势十分明显,就是要进一步拓宽伪装涂料的兼容波段,提高军事目标在战争中的生存能力。新一代伪装涂料是能够兼容可见光、近红外、热红外波段的涂料,其研制大致经历了三个阶段:①仅考虑热红外伪装要求的低辐射率涂料;②采用热红外透明高聚物及颜料构成的兼容涂料,性能较好,较为典型的为美国 Aestra 公司的产品;③目前已发展到进一步改善和兼容毫米波伪装的应用基础研究。

有技术人员采用热红外兼容型迷彩技术的原理,研制了一种兼容可见光、近红外、热红外三波段迷彩涂料,该涂料系统内部存在不同辐射率,不同面积比的迷彩花纹除了可以提供宽波段迷彩图形以外,而且由于能量可以在体系内转移、在不同的条件下通过不同的辐射渠道将部分热量传递出去,所以兼容伪装涂层具有较好的红外伪装效果。

2.2 染　　料

2.2.1 染料的分类

常用的染料分类有以下三种。

1. 按染料的来源分为天然染料和人造染料

天然染料是自然界中本来就存在的有色物质。如从植物中提取的染料靛蓝、茜素,从动物中提取的染料胭脂红,从矿物中提取的染料铬黄、群青等。

人造染料是用人工方法合成的有色物质,又称合成染料。目前合成染料已有 15 000 余种,军事伪装中也多应用合成染料,天然染料使用的数量较少。

2. 按染料分子的化学结构分类

这是根据染料分子的基本化学结构或基团的类别进行分类的方法。按此方法目前把染料分为 15 种,如偶氮染料、蒽醌染料、酞菁染料和硝基染料等。

3.按染料的应用方法分类

这是以染料的应用方法为基础的分类。按此方法目前把染料分为 15 种,如直接染料、酸性染料、碱性染料、还原染料、分散染料、活性染料和阳离子染料等。

2.2.2 染料的选择

染料的选择需要考虑的因素较多,必须兼顾用途、工艺和经济等方面的要求。具体可从以下几方面考虑:

1)选择光谱反射性能符合一定背景要求的染料,染色后符合伪装的要求。

2)根据纤维的性质。由于纤维的性质不同,需要的染料种类也不同。例如,棉纤维适于选择直接染料、还原染料、硫化染料及活性染料等染色;涤纶宜选择分散染料;维纶以中性染料染色为宜;羊毛和蚕丝选用酸性染料染色。

3)根据被染物的用途。主要考虑被染物用于户外还是室内,如用于室内的一般物品,要选用耐洗不必晒的染料;如用作窗帘布或伪装染色物,它们不常洗涤,则可选用日晒牢度较高的染料。

4)根据染料的成本。主要考虑染料和助剂的成本,用最经济的成本得到最优的染色效果。

5)根据染料拼色的要求。需要几种染料拼色时,应注意它们的成分、溶解度、染色牢度、上染率等性能的差别,因为这些差别往往会影响染色效果。因此,进行拼色前,必须选择性能接近的不同染料,才有利于工艺条件的控制、染色质量的稳定等。

6)根据染色工艺过程。印染工业目前使用的主要染色工艺有浸染、卷染和扎染。它们对染料的要求不同。如卷染应选用亲和力较大的染料,而扎染应选用亲和力较小的染料。

2.2.3 染料的染色

2.2.3.1 染色的基本原理

将纤维浸入具有一定温度的染料水溶液中,染料就从水中向纤维中移动,水中染料的量逐渐减少,一段时间后,就达到平衡状态。水中减少的染料量,就是在纤维上上染的染料量。取出纤维,即使绞拧,染料也仍留在纤维中,具有一定的染色牢度,此过程叫作染色。

纤维材料的染色过程可分为以下三个阶段。

1. 染料在染液中被吸附到纤维表面

在纤维浸入染液后,染料便很快被吸附在纤维的外表面并逐渐达到吸附平衡。染料的亲和力大,是因为染液浓度高、电解质的加入等条件有利于吸附过程的进行。

2. 染料由纤维表面扩散到纤维内部

在整个染色过程中,所需时间最多的便是染料在纤维内部的扩散。染料的扩散是一个浓度平衡过程,即纤维外表面的染料向浓度低的纤维内部扩散,从而破坏了最初建立的平衡而促使染液中的染料不断地补充到纤维表面,直到纤维中染料浓度与染液中染料浓度保持动态平衡为止,这时染料就完成了向纤维内部的扩散。

3. 染料固着于纤维内部

染料固着在纤维上是染料染色的重要过程,其原理较为复杂,不同的染料和不同的纤维,固着的原理是不相同的。

(1) 纯化学性固着

染料分子与纤维分子之间因化学反应而生成化学键,使染料固着在纤维上。如活性染料上染纤维素纤维,二者分子间产生醚键而结合。

(2) 物理性固着

由纤维分子与染料分子间的范德华力及氢键而使染料固着在纤维上,称为物理固着。

1) 范德华力是分子间的相互吸引力,包括取向力、诱导力和色散力。它们的大小取决于分子的大小、结构和形态。这种引力在各种纤维染色时都是存在的。

2) 氢键是通过氢原子产生的特殊的分子间相互引力,氢键的键能为 $5 \sim 9 \ kJ/mol$,比范德华力大,但比一般化学键的键能要小得多。

形成氢键需要的条件是,两个分子中的一个分子必须含有氢原子且氢原子直接连在电负性很强、体积较小的原子上,而另一分子中必须是能与氢原子形成氢键的含有孤对电子的原子。

形成氢键除上述条件外,还必须使染料分子和纤维分子十分接近才行。所以染色时常使纤维在溶液中充分膨化,染料分子才能渗透进入纤维分子。此外,由于氢键的键能比一般化学键低,染料分子与纤维分子间要形成较多的氢键,才可保持较大的亲和力。

需要指出的是,染料和纤维分子之间不同性质的吸引力,往往是同时存在的。

2.2.3.2 直接染料染色

直接染料一般能直接溶解于水,也有少数染料要加入一些纯碱才溶解。它可以不依赖别的介质而可以直接使棉、麻、丝、毛和黏胶等纤维染色,所以叫直接染料。

直接染料通常可分为一般直接染料、直接耐晒染料和铜盐直接染料三大类。一般直接染料的水洗和日晒牢度都很差,染色后用固色剂处理,日晒牢度仅提高半级至一级;直接耐晒染料的日晒牢度较好,但水洗牢度较差,染色后用固色剂处理,可提高水洗牢度一级左右;铜盐直接染料是一类能与铜离子螯合的直接染料,染色后可用铜盐处理,其日晒和水洗牢度比直接耐晒染料好。

1. 影响染色的主要因素

影响染色的主要因素有染液浓度、染色温度、染色时间和染前处理等。

(1) 染液浓度的影响

染色时染液浓度会影响染料被纤维吸收的量,随染液浓度增加,纤维吸收染料的量可以达到一个最大值,所以染液浓度的大小能够决定染色的深浅。可是染料的用量超过纤维所能吸收的最大值时,再增加染液浓度,被染物的颜色也不会再加深。

(2) 染色温度的影响

一般地,染色温度升高,使染料的分散度提高,跑向纤维的动能增加,同时因纤维膨化使其内部孔隙增大,便于染料的吸附扩散,而使上染变快。但当温度升得过高时,由于纤维孔隙过大,染料粒子动能也过大,反而会使跑上纤维的染料部分地重新跑回染液中去。因此,染色温度对整个染色过程来说是很重要的。

(3) 染色时间的影响

染料溶液的化学性质、温度、浓度等都会影响到染色的吸收率,而染料吸收率的多少,和染色时间也有很大关系。从生产经济角度来说,要求在尽可能短的时间内,达到纤维对染料的最大吸收率,色泽也需符合要求;但时间太短,在染色没有达到动态平衡时,染料还没有被充分吸收,就会造成浪费,因此必须延长时间或加入助剂。如果已经达到动态平衡,纤维对染料的吸收已达最大限度,那么时间过长,对染料的上染毫无意义。

(4) 纤维染前处理的影响

纤维表面的杂质尤其是非水溶性杂质,如蜡、果胶质等,会妨碍染料由纤维表面向其内部的扩散,所以纤维的染前处理,像烧毛、退浆、练漂、烘干及丝光的程度对染色效果有密切关系。

2.提高直接染料染色牢度的方法

直接染料染色的织物,一般湿处理时牢度很差,需进行一定时间的固色处理,固色处理通常在染缸中进行。

(1)阳离子固色剂法

此法适用于大多数直接染料,由于直接染料在用固色剂溶液进行处理时,离解成染料的阴离子,遇到带正电荷的阳离子固色剂,便相互结合成较大的分子而沉淀在纤维中,从而提高了湿处理牢度。

(2)金属盐法(适用于铜盐染料)

直接染料分子含有水杨酸基或邻,邻-二羟基偶氮结构的,可用金属盐进行后处理来提高色牢度。这是因为此类染料能与金属离子形成水溶性较小的稳定金属铬合物,固色后的颜色一般变暗而不够新鲜。另外,有的直接染料也可用重氮化偶合或甲醛法来固色,这些方法应用较少。

2.2.3.3 还原染料染色

还原染料不能直接溶解在水里,因此不能直接染色。需要在烧碱、保险粉的碱性强还原剂溶液中使其还原成隐色体,隐色体溶解后能够使纤维染色,经氧化后纤维上的隐色体回复成为不溶性的色并固着于纤维上,从而达到染色的目的。

氧化隐色体的方法有自然氧化和氧化剂氧化。自然氧化中的空气氧化工序简单、成本低廉,是经常被采用的氧化方法,但需要较长的氧化时间,且要避免阳光直射,否则易造成氧化不充分或阳光照射后隐色体破坏而出现色斑等。

还原染料是各项性能都比较优良的染料品种,它的水洗、日晒牢度高,色谱齐全,染色、印花都可使用。还原染料是结构较为复杂的有机化合物,按其化学结构分为蒽醌和靛类两大类。

还原染料染色包括以下4个基本步骤:

1)染料的还原,使不溶性的还原染料变为可溶性的隐色体。

2)隐色体的上染,染料的隐色体被纤维吸附。

3)隐色体氧化,被纤维吸附的隐色体,经氧化剂氧化变为原来不溶性的还原染料。

4)后处理,进行皂洗处理。

1.染料的还原

染料的还原过程,即还原染料隐色体的生成过程,一般在碱性介质中进行。染料经还原为隐色酸,立即溶解于碱溶液成为隐色体,因为每一个还原染料分子中至少含两个酮基,它们都是不溶于水的多环芳香化合物。在强还原剂如低亚硫酸钠的作用下,酮基被还原氢氧化键。

2. 染料隐色体的上染

还原染料隐色体上染纤维的过程,也是先被吸附于纤维表面,再向纤维内部扩散而染色的。隐色体分子在染液中呈不同程度的聚集状态,如靛蓝类和酰氨基蒽醌型染料隐色体的聚集一般都比较少,只有几个分子的聚集;而其他蒽酸型染料隐色体的聚集,可多达数千个分子。它们在纤维上的扩散性能较差,染色往往不易均匀,并且在开始染色时,常常会显示出很高的初染率,使纤维中间没有上染而造成白芯。

初染率高、匀染性差等问题,可采用加入缓染剂来改善;染料拼色时,必须选择初染率大致相似的染料,否则不易使织物染色均匀。

3. 隐色体的氧化

染料隐色体以钠盐的形式被纤维吸附并在纤维中扩散,在自行水解后,染料隐色体的钠盐又变成隐色酸的形式,被吸附在纤维表面和内部的染料隐色酸,经空气或氧化剂的作用后即被氧化,这样又成为原来不溶性的还原染料,完成了染色的主要过程。某些染料隐色体如氧化过剧,会发生过度氧化而失去色泽,用稀保险粉处理,仍可恢复原来的色泽。

4. 皂洗

皂洗也称皂煮,它是还原染料染色过程不可分割的一部分。皂洗的作用主要有去除被染物表面的浮色、改变纤维内部染料的色光和提高大多数染料的日晒牢度。

2.2.3.4 染色牢度

染色牢度是指染色织物在使用过程中或以后的加工过程中,染料在各种外界因素的影响下,能保持原来颜色状态的能力。外界因素主要是指曝晒、水洗、皂洗、刷洗、汗渍、摩擦、高温和烟熏等。各种不同的染料在某种织物上染色后,都有各自的染色牢度。这很大程度上取决于染料的化学结构及染料在纤维上的状态。

同一种染料在不同纤维上的染色牢度有很大差别,如靛蓝染棉后的日晒牢度并不高,只有三级左右,但染在羊毛上的日晒牢度,可高达七至八级。

1. 日晒牢度

染色织物的日晒褪色的机理比较复杂,染料分子受到紫外光的作用后可以直接分解,在日光下,许多染料可以被空气氧化而褪色,有些染料可被还原而褪色。

日晒牢度是染色织物的一项重要指标,需要在专门的仪器——日晒气候牢度仪中进行测定,其试验方法应参照国家有关标准。

2. 其他色牢度

皂洗牢度、摩擦牢度、汗渍牢度、刷洗牢度、水渍牢度等都有各自的国家标准,也是伪装织物的重要指标。

2.3 就便材料

上述提到,就便材料是将煤灰、砂石、木屑、沙土等与胶黏剂混合搅拌而成的迷彩伪装材料。

2.3.1 就便材料的制备

利用就便材料制作迷彩伪装材料时应当注意以下几个问题:

1)煤灰、砂石、木屑、沙土等添加物质的颗粒应当达到一定的粒度,颗粒的大小将严重影响材料的性能和质量。

2)颗粒的团聚问题也会影响到材料的性能和质量。

3)颗粒在材料内部的分散性问题也是相当重要的,应保证添加物质的颗粒在胶黏剂中分散和混合的均匀性和稳定性。

针对以上制作过程中出现的主要问题,经过多次试验和总结,得出就便材料的制备流程(见图2-1)。

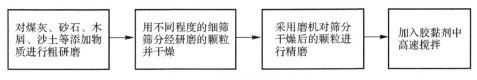

图 2-1 就便材料制备流程

因煤灰、砂石、木屑、沙土等添加物质在日常的生产生活中可以轻易获取,所以利用就便材料制作迷彩伪装材料主要需考虑的组分是胶黏剂。

2.3.2 胶黏剂

2.3.2.1 胶黏剂的概念

胶黏剂又称黏合剂或胶结剂,能将两种或多种物质黏结在一起,并使黏结面有一定强度的物质称为胶黏剂。

在军事伪装上,涂料的调制、假目标的制作、红外隔热层的黏结、伪装结构的设置以及伪装器材的维修,都要用到胶黏剂。还可用胶黏剂粘贴伪装饰片组成各种伪装图案;有的大型雷达采用胶接结构,质量大大减少,成为轻型雷达;在"轻型伪装体系"中,也提到了在质轻的结构骨架上,先涂上一层胶黏剂,然后撒上金属粉或其他反射材料(或吸收材料),制成各种反射器(或衰减器)。

2.3.2.2 胶黏剂的分类

胶黏剂的分类方法通常有以下 4 种:

1. 按胶黏剂的来源分

天然胶黏剂(如虫胶)和合成胶黏剂(如环氧、酚醛、有机硅等胶黏剂)。

2. 按被黏结的材料分

(1) 金属胶黏剂

如酚醛-丁腈、酚醛-缩醛-有机硅等胶黏剂。

(2) 非金属胶黏剂

它又可以分为塑料胶黏剂(如过氧乙烯胶黏剂)和橡胶胶黏剂(如聚氨酯胶黏剂)。

3. 按使用目的分

(1) 结构胶黏剂

黏结后能承受较大负荷,经受高温、低温、环境作用不降低其性能和不变形的胶黏剂,如环氧-酚醛、环氧-有机硅胶黏剂等。

(2) 非结构胶黏剂

在正常使用时有一定黏结强度,但受热或较大负荷时性能迅速下降,如聚氨酯、酚醛-氯丁橡胶等。

(3) 特种胶黏剂

如耐高温、耐超低温、透明、导电等胶黏剂。

4. 按流变性质分

(1) 热固性胶黏剂

这种胶黏剂固化后呈体型结构,有的需加入固化剂。其特点是耐热、耐水、耐介质作用,胶结强度高。缺点是抗冲击强度、抗剥离强度和起始黏结性差。

(2) 热塑性胶黏剂

其特点是抗冲击强度、抗剥离强度和起始黏结性好,但耐热性不佳。

(3) 合成橡胶胶黏剂

大都是将橡胶溶解在有机溶剂中配成黏稠的胶液。优点是起始黏结性好,富有柔韧性,能黏结多种材料;缺点是耐热、耐低温性差。

(4)混合型胶黏剂

这种胶黏剂是将上述两种类型的胶黏剂相互掺混,取长补短。例如在热固性树脂中加入热塑性树脂或橡胶后,既保持了耐热性,又提高了柔韧性。

2.3.2.3 胶黏剂的选择

1)黏结不同的材料,如金属、塑料、橡胶等,由于其性质不同,要根据不同的材料选用不同的胶黏剂。如黏结金属,因金属本身的结构强度较大,应先想到采用强度较大的结构胶黏剂,尤其是较难黏结的铜、镁、锌等金属材料。

2)胶黏剂是有机物,其耐热性大都是有限的,选用胶黏剂的最高耐热温度不应低于被黏物的工作温度。

3)有时根据使用条件,还要考虑老化问题,选用耐老化的胶黏剂。

第3章 遮障伪装材料

遮障伪装是利用人工构筑设置的遮蔽物实施的伪装。其起主要作用的是伪装网、支撑杆件以及由导电材料和屏蔽材料构成的其他遮蔽物。伪装网是由经过阻燃处理的各式各样的绳线、尼龙网与棉麻、纤维等编制黏结的或附加了屏蔽材料组成的制式伪装器材,可作各种遮障面;支撑系统通常由可以改变遮障面外形或起支撑作用的金属(或合金)材料、复合材料和木质材料构成;干扰遮障所用的雷达信号反射器表面通常是由导电材料制成的金属平板,并且要保证平板面的平整度和垂直度。本章主要介绍常用的纤维、支撑材料、阻燃剂、导电材料和屏蔽材料。

3.1 纤 维

纤维是指直径几微米到数十微米,且长度比细度大许多倍的物质。在动植物体内,纤维在维系组织方面起到重要作用。纤维用途广泛,可织成细线、线头和麻绳,造纸或织毡时还可以织成纤维层;同时也常用来制造其他物品,或与其他材料共同组成复合材料,如玻璃纤维增强塑料(玻璃钢)。

3.1.1 纤维材料的分类

纤维材料是遮障伪装器材中伪装网和连接装置的重要组成部分。

纤维可分为天然纤维和化学纤维两大类。

1)天然纤维是自然界中本来就存在的纤维,根据来源分为植物纤维、动物纤维和矿物纤维三类。植物纤维包括种子纤维(如棉、木棉等)、果实纤维(如椰子等)、叶纤维(如剑麻、蕉麻等)和韧皮纤维(如亚麻、黄麻、竹纤维等)。植物纤维的主要化学成分是纤维素,故也称纤维素纤维。动物纤维包括毛发纤维(如羊毛、羊绒、兔毛等)和腺体纤维(如蚕丝等)。动物纤维的主要化学成分是蛋白质,故也称蛋白质纤维。矿物纤维是从纤维状结构的矿物岩石中获得的纤维,主要组成物质为各种氧化物,如二氧化硅、氧化铝、氧化镁等,其主要来源为各类石棉。

2) 化学纤维是经过化学处理加工而制成的纤维，可分为人造纤维、合成纤维和无机纤维。人造纤维也称再生纤维，是用含有天然纤维或蛋白质纤维的物质（如木材、甘蔗、芦苇、蛋白质等）作为原料，经过化学加工后制成的纤维。合成纤维的化学组成和天然纤维完全不同，是从一些本身并不含有纤维素或蛋白质的物质（如石油、煤、天然气、石灰石等），经过一系列化学合成和处理得到高聚物并喷纺拉丝形成的纤维，如聚酯纤维（涤纶）、聚酰胺纤维（锦纶或尼龙）、聚乙烯醇纤维（维纶）、聚丙烯腈纤维（腈纶）、聚丙烯纤维（丙纶）和聚氯乙烯纤维（氯纶）等。无机纤维是以天然无机物或含碳高聚物纤维为原料，经人工抽丝或直接碳化制成，包括玻璃纤维、金属纤维和碳纤维。

3.1.2 常用化学纤维材料的性能特点

3.1.2.1 黏胶纤维

黏胶纤维是再生纤维素纤维，早期的黏胶纤维是长丝，俗称人造丝；后来又有了短纤维即棉型黏胶纤维，俗称人造棉；毛型黏胶纤维俗称人造毛。它们都可以纯纺，但大量的是用于与其他纤维混纺。黏胶纤维是化学纤维中工业化生产比较早的一个品种，原料来源广泛，制造成本低廉，纤维性质接近天然纤维，具有合成纤维不具备的某些特性，至今仍为化学纤维中的一个重要品种。

黏胶纤维的化学组成与棉纤维相似，性能也接近棉纤维。但黏胶纤维的聚合度、结晶度比棉纤维低，纤维中存在较多的无定型区，故黏胶纤维的吸湿性比棉纤维好，强度比棉纤维低。普通黏胶纤维的干强度为 $2\sim3$ g/D（D 为旦尼尔），断裂伸长率为 $15\%\sim30\%$，弹性回复能力差，不耐磨。湿态下的黏胶纤维强度、耐磨性能更差，湿强度约为干强度的 $40\%\sim50\%$。因此黏胶纤维织物不耐水洗，尺寸稳定性差。黏胶纤维不熔融，加热到 $150℃$ 时即分解，耐日光性能比棉纤维差，耐碱性能较好，但不耐酸，室温下浓度为 59% 的硫酸溶液即可将其溶解。黏胶纤维用二氧化钛作消光剂可制成无光或半无光纤维，黏胶长丝多制成有光纤维。

3.1.2.2 涤纶

涤纶又称的确良，涤纶生产以短纤维为主，近年来为满足涤纶长丝针织物的发展，长丝比例急速增加。涤纶纤维的强度为 $6\sim7$ g/D，涤纶长丝的强度更大，断裂伸长率为 40% 以上，初始模量大，在小负荷作用下不易变形，变形的回复能力好。因此涤纶织物比较挺括,尺寸稳定,易洗快干,与棉、毛或黏胶纤维混纺后具有良好的衣着性能。

涤纶纤维之间摩擦因数很大,在加工时易产生静电,涤纶织物穿着时,由于摩擦产生静电,易沾染灰尘。这也是低吸湿性合成纤维的共有缺点。

涤纶分子为刚硬的线型大分子,易产生结晶,分子内部没有亲水基团,只在分子的两端带有亲水基,故吸湿性很小,造成染色困难,必须用分散染料在高温高压下染色,也常在纺丝前进行原液染色。

涤纶的玻璃化温度为67～91℃,由于涤纶分子产生的结晶熔点高达256～265℃,230℃开始软化。涤纶的耐热性和热稳定性都很好,它用于轮胎帘子线比尼龙帘子线性能更优越。其燃烧温度为560℃,燃烧前纤维先熔融成黏稠状液体,如穿着涤纶织物接近火种,容易引起灼伤事故。涤纶耐酸不耐碱,在室温下不溶于10%的氢氧化钠溶液,但浓度增加或温度升高时,涤纶即破坏。涤纶不霉不蛀,耐晒与耐气候性能很好,涤纶织物经2 800 h曝晒后,强度仍为原来的40%左右。

遮障伪装器材中伪装网之间的连接绳环,材质多为涤纶,断裂强度大于1 000 N/mm^2。

3.1.2.3　腈纶

腈纶是由丙烯腈聚合得到的,腈纶大分子呈不很规则的螺旋状构象,腈纶的这一结构特点,对其机械物理性能有很大的影响。腈纶性质与羊毛近似,故有合成羊毛之称。

腈纶的吸湿性较低,适用于阳离子染料染色。由于分子中含有氰基,腈纶的耐光性、耐热性与耐气候性特别好,腈纶经1 000 h日晒后强度损失不超过20%,因此腈纶织物适宜制造户外用品。

腈纶的强度为2～3.5 g/D,断裂伸长率为25%～46%,湿强度为干强度的85%～95%,腈纶的软化点为190～240℃,280～300℃时分解。腈纶燃烧时没有明显的熔融黏流态,火星溅落在腈纶衣服上不会溶成小孔,但腈纶燃烧时会产生大量的氰化物,毒性很大。腈纶的耐酸性好,耐碱性较差,稀碱或氨液中会变黄,在浓碱中加热后立即被破坏。腈纶对氧化剂及有机溶剂较稳定。

遮障伪装器材中伪装网的基网和装饰片多由涤腈混纺纱和涤纶按一定比例交织构成后,再经络合接枝导电处理和浸轧着色处理,并涂覆相应涂层材料而成。

3.1.2.4 锦纶

锦纶又称尼龙,是合成纤维中最早实现工业化生产的品种,1939年美国最先生产出锦纶纤维,虽然近年来涤纶的发展超过了锦纶,但它仍然是合成纤维中最重要的品种之一。

锦纶的品种很多,纺织工业上应用的主要品种为尼龙6和尼龙66,其他还有尼龙610、尼龙1010等品种,以长丝居多。锦纶长丝在工业上用于加工成绳索与帘子线,在民用上加工成弹力丝作为针织原料,一部分短纤维与棉、毛混纺制成各种民用织物。尼龙6的熔点较低,为215~220℃,尼龙66为260℃。锦纶的玻璃化温度较低,其耐热性与热稳定性不及涤纶,在150℃下持续1 h,强度仅为原来的69%左右。锦纶不耐日晒,长期光照后颜色会变黄,强度也会下降。

锦纶的最大优点是强度高,一般可达10 g/D,耐磨性在所有纤维中居于首位,因此是轮胎帘子线的首选材料。锦纶分子上的酰胺基具有极性,因此锦纶吸湿后的物理机械性能相应改变。锦纶的染色性比涤纶好。锦纶耐碱不耐酸,在90℃下用10%氢氧化钠处理16 h后,强度损失可忽略不计。但锦纶可溶解于各种浓酸中,16%的盐酸即能溶解尼龙6,20%的盐酸能溶解尼龙66。热甲酸、乙酸也能溶解锦纶。

3.1.2.5 维纶

维纶是用电石或乙烯作为基本原料先制成聚乙烯醇纺成丝,再经过缩甲醛处理制得的。

维纶缩醛度一般控制在30%左右。缩醛度是指聚乙烯醇的大分子中羟基与甲醇作用的百分率,缩醛度高的维纶缩水率小,耐磨性能好,但染色困难。聚乙烯醇经缩甲醛后强度稍有下降。

维纶是合成纤维中吸湿性较高的纤维,但维纶的染色性能差,维纶的强度为5~6 g/D,断裂伸长率为20%,初始模量较涤纶低,耐磨性也比涤纶差,湿强度为干强度的80%。维纶的耐光性和耐气候性与棉接近,耐干热不耐湿热,在沸水中收缩达5%,若在沸水中连续煮沸3~4 h,可使维纶织物变形或发生部分溶解。

维纶的耐碱性较好,但不耐强酸,80%的硫酸、浓盐酸、浓硝酸和浓甲酸等都会使维纶溶解。维纶的导热性比棉花小,近似于羊毛;它的密度比棉、毛、丝都小,同样厚度的织物,维纶比棉轻大约20%。

3.1.2.6 丙纶

丙纶的相对密度为0.91,是现有纤维材料中密度最小的品种。丙纶是石油裂解产物丙烯腈经聚合后熔融纺丝得到的。原料价廉易得,制造工艺简单且没有环境污染问题,是一种逐渐被人们重视的纤维材料。

丙纶的强度为4.5~7 g/D,断裂伸长率为35%~60%,耐摩擦,不起球,弹性回复性好,织物坚牢耐穿。丙纶耐酸、耐碱且耐化学溶剂。

3.2 支撑材料

3.2.1 支撑材料分类

遮障伪装器材中使用的支撑材料通常为金属(或合金)材料、复合材料和木质材料。

常用金属支撑材料包括钢铁、铝材及合金等;复合材料有增强聚合物(亦称为增强塑料),主要以金属纤维、非金属纤维和高分子纤维材料为增强材料制成的增强塑料,常见的有玻璃纤维增强塑料(俗称玻璃钢);木质材料主要有各类木材和竹子等。

3.2.2 常用支撑材料的性能特点

3.2.2.1 铝合金材料

铝合金是以铝为基添加一定量其他元素的合金,是轻金属材料之一。铝合金除了具有铝的一般特性外,因添加的其他元素的种类和数量的不同又具有一些合金的特性。铝合金的密度为 $2.63 \sim 2.85$ g/cm³,有较高的强度,比强度接近高合金钢,比刚度超过钢,有良好的铸造性能和塑性加工性能,以及良好的导电、导热性能,良好的耐蚀性和可焊性,可作结构材料使用,在航天、航空、交通运输、建筑、机电、轻化和日用品中有着广泛的应用。

铝合金按加入其中的主要元素的不同可分为 Al-Si 系合金、Al-Zn 系合金和 Al-Mg 系合金,按加工方法的不同可分为变形铝合金和铸造铝合金。变形铝合金是先将合金配料熔铸成坯锭,再进行塑性变形加工,通过轧制、挤压、拉伸、锻造等方法制成各种塑性加工制品。铸造铝合金是将配料熔炼后用砂模、铁模、熔模和压铸法等直接铸成各种零部件的毛坯。

铝合金的应用越来越广泛,它与普通钢材相比,强度不低,然而密度小近 1/3,并且耐腐蚀性较好,加工也方便。铝合金在车辆、机械、船舶和飞机外壳及骨架结构上的应用已经十分普遍。目前制式遮障伪装器材中的支撑骨架多为铝合金材质。

3.2.2.2 玻璃钢

1. 玻璃钢的特点

玻璃钢是以玻璃纤维及其制品(玻璃布、带、毡等)作增强材料来增强塑料基体的一种复合材料。由于塑料基体基合成树脂的化学结构及加工性能不同,玻璃钢分为热固性玻璃钢和热塑性玻璃钢两大类。玻璃钢中玻璃纤维主要是无碱纤维和中碱纤维,此外还有高强纤维、高模量纤维和高介电纤维等。我国的玻璃钢工业是从1958年开始发展的。当前玻璃钢产品品种有数千种,在国防事业和国民经济建设中发挥着积极的作用。

玻璃钢集中了玻璃纤维基合成树脂的优点,质量轻,强度高,耐化学腐蚀,传热慢,电绝缘性能好,能透过电磁波,成形工艺和加工比较方便等。

(1) 轻质高强

玻璃钢的相对密度在1.5～2.0之间,只有普通钢材的1/4～1/5,比轻金属铝还要轻1/3左右,而机械强度却能达到或超过普通钢材的水平,如有些环氧玻璃钢其拉伸、弯曲和压缩强度均能达到4 000 kg/cm^{2}以上。若按此强度计算,玻璃钢不仅远远超过普通碳钢,而且可达到和超过某些特殊合金钢。因此,在航空、火箭、导弹等要求高强度又要求减轻自重的一些应用中,具有卓越的成效。

(2) 耐腐蚀性好

玻璃钢一般都具有良好的耐海水、耐一般浓度的酸碱、盐及耐多种油类和有机溶剂的性能,是一种优良的耐腐蚀材料。因此,在石油化工上广泛用玻璃钢制造各种器具,在造船、车辆制造业中用来制造船壳和车身等,在一定范围内取代了钢材、木材和有机金属,并具有防腐、防锈和防虫蛀的作用,延长了设备寿命。

(3) 绝缘、隔热性能良好

玻璃钢是一种优良的电器绝缘材料,在高频作用下仍能保持良好的介电性能。它的微波透过性能良好,这是金属材料所不具备的,目前普遍采用玻璃钢制造飞机、舰艇和地面雷达站用的雷达罩。玻璃钢导热系数低,室温下只有金属的百分之一到千分之一,是一种优良的绝缘材料。另外,玻璃钢在超高温下能吸收大量的热,加之优良的绝热作用,因而在某些特殊情况下,它可以作为一种理想的防护和耐腐蚀材料,有效地保护火箭、导弹、宇宙飞船、原子弹袭击下的工事等在 2 000 ℃以上承受高速气流的冲刷作用。

(4)工艺性能优良

玻璃钢工艺性能良好,可以从制品的几何形状、尺寸大小、技术要求、用途和数量去选择不同的成形方法。玻璃钢适合整体成形,对于形状复杂、数量少、不易定型的产品效果尤为显著。

玻璃钢主要有以下缺点:

(1)弹性模量低

玻璃钢的弹性模量比木材大两倍,但仅为一般钢材的 1/10,因此玻璃钢结构常刚性不足,变性较大。为改善这个弊病,可采用薄壳结构和夹层结构,也可通过使用高模量纤维和空心纤维等解决。

(2)长期耐温性差

一般玻璃钢都不能在高温下长期使用。如通用性聚酯玻璃钢在 50 ℃以上,其机械强度就明显下降。一些耐高温的玻璃钢,如脂环族环氧玻璃钢、聚酰亚胺玻璃钢等,它们的长期工作温度也只有 200~300 ℃,这比金属的长期使用温度要低。

2.玻璃钢所用的原材料

玻璃钢主要由玻璃纤维与合成树脂两大类材料组成。玻璃纤维起着骨架作用,而合成树脂主要是起黏结纤维,使其共同承载的作用,因此玻璃纤维又叫骨架或增强材料,树脂称为基体或黏结剂。一般说来,在玻璃钢中,纤维和树脂各自起着独立的作用,但同时又相互依存。例如,纯粹的玻璃纤维是不能单独作为工程结构材料的,而树脂的力学性能也很差,只有把它们结合起来,形成一个整体,才能有效地发挥它们自身的作用。可以说玻璃钢集中了玻璃纤维和合成树脂两种材料的优点,而成为一种新型的复合材料,它既可满足高温、高强条件下的使用要求,也可在一般条件下提高制品的性能,发挥一材多能的作用。

合成树脂作为玻璃纤维的黏结剂,是玻璃钢的一种重要原料。用于玻璃钢的合成树脂种类很多。过去采用的多为热固性树脂有酚醛、环氧聚酯、呋喃、有机硅,以及近年来发展的二苯醚、二甲苯和聚酰亚胺树脂等 20 余种,其中以酚醛应用最早,目前又以环氧、聚酯和酚醛树脂应用最多,也最广泛。因价格和来源等原因,现在国内外都在大力发展聚酯树脂。从 20 世纪 60 年代开始,随着石油化工的发展,以烯烃类树脂作为主要原料的热塑性玻璃钢也有了一些品种,如聚丙烯、聚苯乙烯、尼龙和缩醛玻璃钢等。

玻璃纤维及其制品是组成玻璃钢的另一重要原料。玻璃纤维含碱量的高低，直径粗细织物的结构形式以及表面处理等对玻璃钢的性能都有十分显著的影响。玻璃纤维及制品因品种不同，适用范围也不同，应根据玻璃钢制品的强度、性能、价格以及成形方法等方面的具体要求选择使用。例如，有碱玻璃纤维和织物可用于强度要求不高和酸性介质的制品；无碱玻璃纤维和织物则用于高强度制品。

玻璃钢用的热固性树脂在固化前，分子呈线型结构，在一定条件下可溶、可熔。为了使热固性合成树脂固化成不溶、不熔的网状结构，并在固化以后具有各种优良的特性，有的品种需向树脂中加入多种辅助材料。固化剂、引发剂和促进剂就是最重要的辅助材料，稀释剂、增韧剂和填料等也是常用的辅助材料。为了提高树脂与玻璃纤维之间的黏结强度，常将玻璃纤维及其织物用化学处理剂进行表面处理。

3. 玻璃钢的应用

玻璃钢主要作为一种新型的工程结构材料，由于其具有比较突出的优良性能，所以从军工到民用，从尖端到一般，从小型制品到体积达数千立方米的大型贮罐，在国防工业的各个领域，应用十分广泛。比如，在造船工业，美国海军部门就规定，16 m 以下的船舰全部采用玻璃钢制造，英国还设计了 170 m 长的玻璃钢船。由于采用了玻璃钢做船体和船用部件，提高了承载能力、航行速度，增强了防腐、防微生物的能力，延长了使用寿命。如用玻璃钢做潜水艇艇体，其潜水深度比钢制艇体增加至少 80％以上。因此从小型船艇、渔船、扫雷艇、深水探测器直到大型巡洋舰都成功应用了玻璃钢。在车辆制造业已有了全玻璃钢汽车，并用玻璃钢制造机车车身、车厢和车棚等。在飞机制造业，第二次世界大战时，美军使用玻璃钢使战斗机自重减轻 15％，缩短滑行跑道距离 15％，增加航程 20％，增加载荷 30％。玻璃钢夹层结构出现后，飞机也开始使用这种材料，有的已占飞机结构材料的 70％，美国已计划生产全复合材料战斗机。波音飞机公司也计划生产大量采用复合材料的客机，整个机体外观密度只有 60 kg/cm^3，与雪的密度大体相当，可载客 195～400 人。在电器方面的应用，比较典型的制品是直径为 45 m 的大型球体地面雷达罩。玻璃钢用作建筑材料早已是很平常的事情。在军事伪装中，玻璃钢可以用作假目标材料和其他结构材料，特别是大型假目标，玻璃钢更能发挥其质轻高强、易于加工、性能千变万化等优点。

3.3 阻 燃 剂

3.3.1 阻燃剂分类

阻燃剂是指能够抑制或者延滞燃烧而自己并不容易燃烧的材料,广泛应用于服装、石油、化工、冶金、造船、消防和国防等领域。

3.3.1.1 分类

1)按使用方法分为添加型阻燃剂和反应型阻燃剂。添加型阻燃剂是通过机械混合的方法加入到聚合物中,主要用于聚烯烃、聚氯乙烯、聚苯乙烯等树脂中。它的优点是使用方便,适应面广,但对聚合物的使用性能有较大的影响。反应型阻燃剂是作为一种反应单体参加反应,使聚合物本身含有阻燃成分,多用于缩聚反应的产物,如聚氨脂、不饱和聚酯、环碳酸脂等。其优点是对聚合物材料实用性能影响较小,阻燃性能持久。

2)按化学成分分为有机型阻燃剂和无机型阻燃剂。

除上述分类方法外还可按所含阻燃元素分为磷型、卤素型和氮素型等。

纺织材料用于伪装器材中,必然要进行阻燃整理。按其工艺可分为普通防火阻燃整理、半耐久性防火阻燃整理和耐久性防火阻燃整理,采用何种方法可根据不同要求和任务来选取。

3.3.1.2 阻燃剂的要求

阻燃剂的要求如下:

1)不降低高分子材料的物理性能,如耐热型必须在加工物耐热性以上。机械性能必须不损坏被加工物等。

2)不恶化被加工物的工艺条件。

3)耐久性好。

4)耐候性好。

5)无毒、廉价。

3.3.2 常用树脂用阻燃剂的性能特点

与织物阻燃剂的使用方法不同,树脂用阻燃剂是同树脂和其他填料,按一定比例混合在一起,然后一起加工成形,从而制成具有阻燃性能的材料及制品。由于树脂的种类不同、用途不同,所使用的阻燃剂也不同。这里仅以一些常见的树脂为例介绍其阻燃剂。

3.3.2.1 聚氯乙烯

聚氯乙烯(PVC)树脂虽然是自熄性的含卤树脂,但软脂PVC因为含有大量的增塑剂而变得易燃。在PVC树脂中单独使用3%的三氧化二锑就能具有难燃性。当用量3%的三氧化二锑与用量3%的氧化石蜡并用时难燃性更好。对于PVC透明制品应用磷酸酯。

3.3.2.2 聚苯乙烯

聚苯乙烯(PS)的透明制品,可采用含卤磷酸酯、脂肪族或芳香族溴化物阻燃剂,可得到透明的难燃制品。如聚苯乙烯粒料100份,分散剂洗衣粉5份,水150~200份,发泡剂丁烷或戊烷10份,加入阻燃剂四溴乙烷(或四溴丁烷)3~5份,在80~90℃、压力不超过10 kg/cm²的条件下搅拌6 h,可得到自熄性的可发性聚苯乙烯粒料。用这种粒料可制成自熄性的聚苯乙烯泡沫塑料。

ABS树脂的成形温度在200℃以上,所以必须使用热稳定型良好的阻燃剂,如六溴苯、十溴二苯醚等,但在成形温度不超过24℃时,也可使用四溴双酚A。

3.3.2.3 聚氨基甲酸酯

聚氨酯硬质泡沫塑料中采用添加型阻燃剂会降低其强度等机械性能,且难燃性不能持久,因此,主要使用反应型阻燃剂,特别是含磷多元醇和含磷含卤多元醇。在聚氨酯软质泡沫塑料中则多使用含氯磷酸酯等添加型阻燃剂。

3.3.2.4 聚酯树脂

当不饱和聚酯树脂使用氯化石蜡、氯化联苯和三氧化二锑以及含氯磷酸酯等添加性阻燃剂时,树脂有软化的倾向,采用反应型阻燃剂能得到令人满意的效果。四溴邻苯二甲酸酐、四氯邻苯二甲酸酐和二溴新戊二醇是主要的反应型阻燃剂,而氢氧化铝则是不饱和聚酯最重要的添加型阻燃剂。

例如,自熄性的聚酯树脂是这样制备的:取精制的四溴邻苯甲酸酐116 g、邻苯二甲酸酐38 g、顺丁烯二酸酐69 g,以及丙二醇122 g,置于反应瓶中,在氮气保护下开始加热,待物料成为液态时进行搅拌。反应约5 h后得到酸值为29 mgKOH/g的不饱和聚酯。在所得到的聚酯中加入0.104 g对苯二酚(抗氧剂)和106.7 g苯乙烯,得到一种混合物。使用时将此混合物用叔丁基过氧化氢等固化,便得到自熄性聚酯树脂材料。

3.3.2.5 环氧树脂

环氧树脂的添加型阻燃剂主要有含氯磷酸酯、全氯戊环癸烷和三氧化二锑。但采用含氯磷酸酯时树脂有明显的软化倾向,使用反应型阻燃剂则能得到物理机械性能良好的难燃树脂,四溴双酚 A 和二溴苯酚是主要的反应型阻燃剂,四氯邻苯二甲酸酐和氯桥酸酐是常用的阻燃型固化剂。

3.3.2.6 聚酰胺

聚酰胺树脂较难燃,但仍需阻燃加工。三嗪类衍生物是聚酰胺树脂的重要阻燃剂。使用 5% 的三聚氰胺或 6% 的对氨基苯磺酰胺即可达到离火自熄。

3.3.2.7 聚甲基丙烯酸甲酯

聚甲基丙烯酸甲酯有极好的光学性能,且耐候性优良。其阻燃加工主要考虑不损害其光学性能和耐候性。磷酸酯、含卤磷酸酯,特别是含卤聚磷酸酯是聚甲基丙烯酸酯类的主要阻燃剂。

3.4 导电材料

3.4.1 导电材料分类

导电材料是指专门用于输送和传导电流的材料,一般分为良导体材料和高电阻材料两类。导电材料包含导电塑料和导电橡胶。导电橡胶是将玻璃镀银、铝镀银、银等导电颗粒均匀分布在硅橡胶中,通过压力使用导电颗粒接触,达到良好的导电效果。在电工领域,导电材料通常指电阻率为 $(1.5 \sim 10) \times 10^{-8}$ Ω·m 的金属。电工领域使用的导电材料应具有高电导率,良好的机械性能、加工性能,耐大气腐蚀,化学稳定性高,同时还应该资源丰富、价格低廉。

常用的金属导电材料可分为金属元素、合金(铜合金、铝合金等)、复合金属以及不以导电为主要功能的其他特殊用途的导电材料。导电材料的电特性主要用电阻率表征。影响电阻率的因素有温度、杂质含量、冷变形和热处理等。温度的影响常以导电材料电阻率的温度系数表示。除接近熔点和超低温以外,在一般温度范围,电阻率随温度呈线性关系变化。

复合型高分子导电材料,由通用的高分子材料与各种导电性物质通过填充复合、表面复合或层积复合等方式而制得。其主要品种有导电塑料、导电橡胶、导电纤维织物、导电涂料、导电胶黏剂以及透明导电薄膜等。其性能与导电填料的种类、用量、粒度和状态以及它们在高分子材料中的分散状态有很大的关系。常用的导电填料有镍包石墨粉、镍包碳纤维黑、金属粉、金属箔片、金属纤维和碳纤维等。

结构型高分子导电材料,是指分子结构本身或经掺杂之后具有导电功能的高分子材料,根据电导率的大小可分为高分子半导体、高分子金属和高分子超导体,按照导电机理可分为电子导电高分子材料和离子导电高分子材料。电子导电高分子材料的结构特点是具有线型或面型大共轭体系,在热或光的作用下通过共轭电子的活化而进行导电,电导率一般在半导体的范围。采用掺杂技术可使这类材料的导电性能大大提高。如在聚乙炔中掺杂少量碘,电导率可提高12个数量级,成为"高分子金属"。经掺杂后的聚氮化硫,在超低温下可转变成高分子超导体。结构型高分子导电材料用于试制轻质塑料蓄电池、传感器件、微波吸收材料以及半导体元器件。

3.4.2 导电聚合物吸波材料性能特点

导电聚合物作为高分子导电材料,在雷达吸波方面的应用潜力巨大,与传统的雷达吸波材料相比,导电聚合物显然有更多优点。导电聚合物吸波材料的性能特点见表3-1。

表3-1 导电聚合物吸波材料性能特点

材　料	优　点	不　足
炭黑材料	环境和热稳定性好,价格低	电导率不可调节,质量大
铁氧体材料	热稳定性好,价格较低	易腐蚀,质量大
导电聚合物材料	电导率可调,高电导,易涂刷,易形成梯度型材料,质量轻,宽波段吸收	环境和热稳定性相对较差,价格偏高

3.4.2.1 导电聚合物吸波材料的特点

(1)电导率可以方便地进行调节

这使得雷达吸波材料迅速向智能化方向发展。导电聚合物的电导率可以在绝缘体、半导体和导体之间可逆地进行调节,特别是在半导体范围内的可逆调节,对雷达吸波材料来说意义更大。其电导率可以通过改变其掺杂程度进行调节。导电聚合物的掺杂方式有两种,一种是通过掺杂剂进行化学掺杂,另一种是通过电极进行的电化学掺杂。对于前者,通过控制掺杂剂的作用时间及掺杂剂的浓度达到控制电导率的目的;对于后者,通过控制电极的电压及加电压的时间来控制导电聚合物的电导率。比较来看,后者应用起来更方便,且可重复性好。这样就可以通过对材料电导率的实时调节,达到在不同环境下使材料的吸波性能最佳的目的,即使材料对入射来的不同波长的电磁波的吸收效果都达到最佳,从而实现智能化的要求。

(2) 电导率使得材料的吸波效果大大加强

材料对电磁波的吸收有两种,一种是电损耗,另一种是磁损耗。导电聚合物材料主要是前者,可以在很薄的情况下,产生大的吸收,降低材料厚度。对于一般的军事目标,特别是那些固定目标,表面的负载和材料厚度可能是不重要的,但对于像飞机、导弹这样的机动目标,厚度的增加就意味着载弹量的降低,以及机动性能的降低,这一点是很致命的,所以高的电导率对电导型雷达吸波材料来讲是很有用的,导电聚合物的电导率最高可达 2×10^5 S/cm;

(3) 质量轻

导电聚合物是聚合物的一种,其显著的特点就是质量轻,这大大增加了这种新型吸波材料的应用优势。

(4) 为梯度型材料,并具有宽波段吸收性能

雷达吸波材料一方面要求表面反射小,一方面要求内部吸波效率高,这看起来是一对矛盾。而如果能加工成一种梯度型材料,随着厚度的增加,电导率递进增加,这样就可以很好地发挥材料的综合吸波性能。导电聚合物的电导率在用掺杂剂进行掺杂时,很容易发生表面掺杂程度高,越往里掺杂越少的情况,可以利用这一点构造梯度型吸波材料。比如,在电极上合成出高掺杂度的高电导型的导电聚合物,然后用气态的去掺杂剂去掺杂,因为气体分子是渐进式渗透进去,从而产生梯度型材料;或者是合成出去掺杂态的聚合物,用掺杂剂掺杂。这样导电聚合物将会在宽波段内产生吸波效果。

(5) 电致变色

导电聚合物一般都具有优异的电致色变性能,即在不同的电压下,其可见光的颜色有所变化,这种变化是完全可逆的。这就为伪装工作者梦寐以求的"变色龙"伪装材料提供了又一种实现途径。

(6) 使用加工性能得到改善

以前的导电聚合物坚硬、易脆性断裂,目前已合成出一系列可溶的导电聚合

物,这对改善其加工性能很有帮助,随着研究的进一步深入,可以预见,不久的将来,导电聚合物的加工性能和导电性能将会更好地统一起来。

3.4.2.2 导电聚合物的应用前景和发展趋势

(1)在飞机和舰船等高性能、高价值武器上使用

在目前的条件下,导电聚合物的制造加工还比较难,且成本高,不适合在一般性武器上进行使用。而对于一些高性能和高价值武器,使用具有最好伪装效果的材料是很必要的,能够大幅度提高武器的生存能力,发挥其巨大的作战效能。

(2)发展电磁损耗一体型雷达吸波材料

有人合成了一种高分子磁性材料,这种材料具有共轭的长链,与导电聚合物具有相似的结构,可能成为一种集电磁性能于一身的聚合物材料,或者能将电导型聚合物与磁性聚合物共聚生成复合型的吸波材料。从理论分析可以看出,电磁损耗集于一身的材料具有吸波材料中最优良的性能,能够最大地吸收电磁波。

(3)发展易加工的具有较高电导率的导电聚合物

目前的导电聚合物存在着加工性与电导性不统一的问题,即这种高电导率的材料加工性能差。随着对导电聚合物材料的认识的进一步加深,这一问题肯定能够得到解决。

当然,导电聚合物材料也存在以下缺点:

(1)合成条件还比较苛刻

以下高性能的导电聚合物基本是通过电化学聚合的方法合成的,在反应时条件比较苛刻,例如在高性能聚噻吩的合成时,基本不能有水,反应时不和空气接触,其他高性能的导电聚合物的合成也有类似的情况。

(2)导电聚合物的加工性能还有待改善

目前的导电聚合物发展历史较短,一些问题和理论还不成熟,在改善材料的基本性能上,还有不少问题需要解决。

3.5 屏蔽材料

屏蔽材料是设置在目标附近或外加在目标之上的防探测材料,具体形式有各种伪装网和伪装覆盖物等,通过采用不同的伪装技术分别对抗可见光、近红外、中远红外和雷达波段的侦察与探测。最具代表性的伪装屏蔽材料就是瑞典

的热伪装网系统和美国的超轻型伪装网。

瑞典的 Barracuda 公司是专门研制和生产伪装器材的企业,该公司生产的热伪装网系统为双层式热伪装屏蔽材料,单位面积质量约为 180 g/m² 具有防毫米波、厘米波雷达的作用,还能对付可见光、近红外和热红外的探测。该公司生产的另外一种屏蔽材料由聚酯纤维底层和聚酯薄膜构成,中间为铝层覆盖,还夹有超吸收纤维,如丙烯酸纤维、人造纤维和聚丙烯纤维制成的薄条,以及结合在一起的两层绿色聚丙烯纤维层,此屏蔽材料可在可见光、红外和雷达频率范围内起伪装效果。

在海湾战争中,美军使用的是 Brunswick Defence 公司的一种超轻型屏蔽材料,它是一种具有极佳的防热红外特性和雷达散射特性的伪装网,是目前世界上防雷达有效波段最高的伪装网,高达 6~140 GHz,其单位面积质量约为 136 g/m²。德国 Sponeta 公司推出了一种雷达伪装屏蔽材料,其导电夹层由一种导电的炭黑附黝分散剂和编织网组成。

分散剂中的固体含量为 24%~30%,粒度为 40~60 μm,表面电阻为 100~400 Ω,涂敷量为 40~150 g/m²。这种屏蔽材料制作简便,伪装效果良好,机械强度高,尤其是耐寒性好,适合于冬季使用。

另据报道,英国皇家雷达信号部曾采用坚固的具有低红外辐射率的屏蔽物对车辆进行伪装实验。这类屏蔽物是采用沉积了 1 μm 左右的碳沉积层(类金刚石涂层)的铝板,其辐射率范围为 0.1~0.2,铝板在沉积类金刚石膜后采用一定的工艺成形。利用这种材料并采用形状设计技术可以使探测到的目标信号变形或接近天空背景,这种材料比较适合于覆盖高功率发动机等发热目标,但由于机械疲劳以及价格高昂,所以不适用于大面积伪装和温度不高的目标。

第4章 烟幕伪装材料

烟幕是由悬浮于空气介质中的无数固体微粒所组成的胶体体系,其中空气是分散介质,而固体微粒是分散相。烟幕与水雾的区别在于烟幕分散相是固体微粒,而水雾是水微粒。烟幕也是一种气溶胶,它是由发烟剂经物理、化学反应形成的微粒为分散相,大气为分散介质组成的,对可见光、红外线等电磁辐射具有明显衰减作用的气溶胶体系。显然,烟幕气溶胶的分散相可以是固体微粒,也可以是液体微粒。

烟幕伪装器材的发烟成分主要由氧化剂、燃烧剂和发烟剂组成。氧化剂主要有硝酸铵、硝酸钠、氯酸钾等;燃烧剂主要有煤粉、沥青等;发烟剂是指凡是导入大气中能发生稳定的烟和雾且至少其光学性能能达到遮蔽、迷盲、干扰目的的化学物质,主要有粗蒽、六氯乙烷、硝基甲苯(TNT)粉、柴油、锯末等,根据烟幕伪装要求可增加防红外侦察的红磷等成分。利用烟幕实施遮蔽、迷盲和干扰,不但包括可见光区的目视观察,也包括红外夜视和瞄准、毫米波雷达制导等方面。

4.1 氧 化 剂

4.1.1 氧化剂的概念及分类

在氧化还原反应中,获得电子的物质称作氧化剂。狭义上,氧化剂又指可以使一物质得到氧的物质。含有容易得到电子元素的物质,即氧化性强的物质常用氧化剂。总之,氧化剂具有氧化性,得到电子化合价降低,发生还原反应,得到还原产物。常见的氧化剂中,氟气的氧化性最强,其他常见的还有氧气、氯气、氯酸盐、无机过氧化物、硝酸盐、高锰酸盐等。

根据物质的得电子能力强弱,可将其分为强氧化剂、中等强度氧化剂与弱氧化剂,以大致描述其在氧化还原反应中的表现。有时以氧气和铁离子为界,氧化性超过氧气的为强氧化剂,弱于铁离子的为弱氧化剂,介于两者之间的为中等强度氧化剂。按其危险性大小,氧化剂分为一级氧化剂和二级氧化剂。氧化剂按照化学组成分为无机氧化剂和有机氧化剂。也可按照氧化还原反应所要求的介质分为以下几点类：①酸性介质氧化剂（如过氧化氢、过氧乙酸、高锰酸钾等）；②碱性介质氧化剂（如次氯酸钠、过碳酸钠等）；③中性氧化剂（如溴、碘等）。

4.1.2 氧化剂的性能特点

氧化剂氧化性的决定因素是该物质中高价态元素的得电子倾向。在溶液中，根据双电层理论，氧化性的大小反映为氧化剂的标准氢电极电势：电势越高，则氧化性越强；电势越低，则氧化性越弱，相对应，其还原态的还原性则越强。

在水中，大部分氧化剂的氧化反应分为解离、亲和、结合三个步骤。这三步决定了氧化反应半反应的焓，对氧化剂的氧化性有非常大的影响。

氢离子也对含氧的氧化剂的氧化性起非常大的作用，原因是氢离子具有非常大的反极化能力，使得 X—O 键不稳定（X 指氧化剂中心原子）。因此一般在酸性条件下，含氧剂的氧化性比其在碱性时强。对于一些不受氢离子影响的物质，如 Cl_2，Br_2 等，其氧化性则与 pH 值无关。

另外，氧化剂的氧化性还受到分子对称性的影响，一般分子越对称越稳定，如高氯酸在水中完全电离出高氯酸根，其对称性相当好，使得高氯酸根在水中的氧化性并不是很强。因此对于非金属含氧酸，一般是高价态氧化性不如低价态。

氧化剂的应用及注意事项如下：

1）在化学工业中，广泛用于多种原料和成品生产。在冶金中常用氧化剂去除杂质而提纯所熔炼的金属，如炼钢过程中所用的氧化剂有铁矿石、铁磷、空气或工业纯氧等。在化学电池中，常用氧化剂去除正极上所放出的氧，称为去除剂，如干电池中所用到的二氧化锰。

2）氧化剂遇热分解，易引起燃烧爆炸，所以不得受热。

3）许多氧化剂易爆炸，如氯酸盐类、硝酸盐类，特别是有机过氧化物等，经摩擦、撞击、震动等作用后，易引起爆炸，所以要轻装轻卸。例如，就便发烟器材制作时使用锯末、硝酸铵（硝酸钠）和柴油按一定比例混合而成，在制作过程中，要轻取轻拌，防止因撞击、振动而引起的爆炸事故的发生。

4）遇有机物、易燃物品、可燃物等会发生强烈反应，甚至会引起燃烧爆炸，所以氧化剂的包装材料、仓库和运输车辆等，必须彻底清扫干净，以防混入杂质，发生危险。

5）大多数氧化剂遇酸剧烈反应，甚至发生爆炸。如氯酸钾、过氧化苯甲酰等，遇硫酸即发生爆炸，所以这些氧化剂不得与酸类或碱性物质接触，万一起火，不可用酸碱灭火器扑救。

6）有些氧化剂遇水分解，特别是活泼金属的过氧化物，如过氧化钠等，遇水分解发热，并放出氧，易使可燃物燃烧，所以这类氧化剂不得受潮，灭火时禁止用水。

7）有些氧化剂与其他氧化剂接触后能发生复分解反应而产生高温，引起燃烧甚至爆炸。例如，来硝酸盐，次亚氯酸盐等遇到比它强的氧化剂时，即显出还原性，会发生剧反应而导致危险，所以各种氧化剂也不可任意使用。

8）有些氧化剂，如溴酸银等遇日光照射即分解，所以应该避光。许多氧化剂有腐蚀性和毒性，如三氧化铬，尚需注意人体防护。

选择氧化剂应当考虑以下几点：

1）氧化效率和用量；

2）与被氧化体系的配合性，在反应过程中稳定，不易挥发降低效力，不发生副反应，不影响最终产品的性能；

3）氧化剂本身在储存过程中不易变质失效；

4）使用复合氧化剂制得的胶黏剂明显优于单一氧化剂的作用；

5）低毒安全，不损害健康，不污染环境；

6）价廉易得。

4.2 燃 烧 剂

燃烧剂又称纵火剂，是烟火药的一类。燃烧剂要求具有燃烧容易、发热量大、燃烧温度高、燃烧面积大、燃烧时间长和火焰不易扑灭等性能，在军事上，用作喷火器和燃烧弹的装料，是构成燃烧武器的基础，用以杀伤人员、焚毁或破坏军事装备、袭击工事或其他目标。燃烧剂按燃烧的供氧方式可分为两大类：①自身含氧化剂的燃烧剂，如含氧化铁等的铝热剂；②不含氧化剂的燃烧剂，需借助于空气中含有的氧化剂燃烧，如汽油等。

燃烧剂按性质可分为以下5种类型。

1. 油基燃烧剂

它是以石油产品和易燃溶剂为主体组成的燃烧剂，通常有液状油和稠化油两种。最早应用的是液状油，由于燃速快、易分散、黏附性能差，因而发展了稠化油。典型的稠化油是凝固汽油，是在汽油中加入稠化剂调制而成的。用环烷酸和脂肪酸的混合物为稠化剂调制而成的凝固汽油在喷火器上使用具有良好的流变特性。用50%聚苯乙烯、25%苯和25%汽油调制的凝固汽油适用于装填燃烧弹。这类燃烧剂的燃烧温度为700~800℃,具有延长燃烧时间、扩大覆盖面和贮存稳定等优点。

2. 金属燃烧剂

它是以镁、铝或镁铝合金等金属为主要成分的燃烧剂。镁的着火温度为623℃,燃烧温度为1 980℃,是最普通的纯金属燃烧剂。铝是多种燃烧剂的重要成分,比镁能产生更多的热量,但较难点燃。镁添加铝和少量铜的镁基合金,强度高,有抗变形的特点。金属燃烧剂通常用作燃烧弹外壳。

3. 铝热燃烧剂

它是一种烟火燃烧剂,主要有铝热剂和铝热合剂。铝热剂是以铝粉(25%)和氧化铁(75%)外加黏结剂配制而成的。燃烧时,铝还原氧化铁中的氧,产生激烈的放热反应,燃烧温度可达2 400~3 000℃。铝热合剂(又称高热剂)由铝热剂同铝金属、硝酸钡和硫酸配制而成,易于着火,并能产生较大的火焰,除可作燃烧剂外,还可作镁弹的点火剂。这类燃烧剂温度高,主要用于引燃难以着火的材料和破坏军事装备的金属部件。

4. 油基-金属燃烧剂

它是一种油料添加金属粉末的燃烧剂。主要有PTI(聚甲基丙烯酸异丁醋调制的凝固汽油,添加硝酸钠和金属镁等)和PTV(聚丁二烯的汽油溶液、硝酸钠和金属镁等)。油基燃烧时,火焰大,产生蔓延效应;金属燃烧时,能提高温度,延长热效应。这类燃烧剂的温度可以提高到1 600℃。

5. 自燃燃烧剂

它是在空气中或遇水能自燃的物质,有黄磷、钠、钾、粉末状的蜡和贫化铀,以及硼烷和烷基铝等。黄磷是一种古老的燃烧剂,常用作油基燃烧剂的点火剂。由于燃烧时有浓厚的白烟,也可用作发烟剂。黄磷用作军用燃烧剂时,常将黄磷颗粒混在二甲苯橡胶溶液中制成塑化黄磷,以防止爆炸时分散过细,并增加对目标的黏附性。还可用黄磷的二硫化碳溶液作为液体自燃剂。

金属钠、钾是遇水着火的物质,可添加在油基燃烧剂中,用以攻击江河、水网稻田和雪地里的目标。粉末状的蜡、铅钵合金和贫化铀都有自燃特性,常用于穿甲燃烧弹药。烷基铝中最典型的是三乙基铝,为减缓其燃速,常用6%聚异丁烯稠化的三乙基铝装填燃烧火箭弹,对人员可造成化学烧伤;还有用1%聚异丁烯稠化的三乙基铝,能产生可控的化学火球,辐射的热能足以破坏军事目标。第二次世界大战中,研制出喷火器和航空炸弹使用的凝固汽油,还有金属燃烧剂和铝热燃烧剂等,大规模地用于地面作战和战备轰炸。第二次世界大战后,燃烧剂的使用性能和燃烧威力得到改进和提高,并广泛地应用于局部战争。

4.3 发烟剂

4.3.1 发烟剂概念及分类

4.3.1.1 发烟剂的概念

发烟剂是指凡是导入大气中能发生稳定的烟和雾且至少其光学性能可达到遮蔽、迷盲、干扰目的的化学物质。遮蔽、迷盲、干扰不仅局限于可见光区的目视观察,而且包括红外夜视和瞄准、毫米波雷达制导等方面。

许多物质都能被多次分散成微小的颗粒,这些颗粒散布在大气中,对光进行散射和吸收,从而改变了大气的能见度。形成烟幕的化学物质可以是单一的,也可以是由多种成分组成。

对发烟剂有以下5项要求:

1)较强的遮蔽能力。发出的烟只需很小的浓度即可达到遮蔽、迷盲或干扰制导的目的,需要的烟幕浓度越小,遮蔽能力越强。

2)较大的发烟能力。发烟能力是指发烟剂生成烟的量与发烟剂消耗量之比,此比值越大,发烟能力越强。

3)毒性、刺激性、腐蚀作用小,使用时不会危及己方人员和物资的安全。

4)生产、储存、运输和使用时稳定、便利、安全。

5)原料来源广泛,成本低廉。

4.3.1.2 发烟剂的分类

根据形成烟幕时所发生的变化过程,可分成以下5种:

1)因升华、蒸发作用使热蒸气冷却而发烟的发烟剂。如氯化铵、有机酸等。它们在高温时不发生分解反应,而是变成热蒸气,冷却后形成过饱和气体而凝结成烟。

2)以自己的蒸气与空气中的水分作用而发烟的发烟剂。如硫酸酐、氯磺酸、四氯化钛等,此类发烟剂都是易挥发液体,有很强的吸湿性,与水的作用很猛烈,能在空气中自行成烟。

3)与空气中的氧燃烧而发烟的发烟剂。磷是此类发烟剂的代表,在空气中与氧作用生成氧化物,并凝结成烟雾;二乙锌的蒸气在空气中燃烧生成氧化锌蒸气,凝结生成白色烟雾。

4) 两种或两种以上物质相互作用而成烟的发烟剂。其中的每一种物质都不能单独成为发烟的物质。如 HCl 和 N_3 组成的发烟剂,这两种气体相互作用生成氯化铵白烟。

5) 研细的微粒、薄片,用布撒或爆炸的方法将其散布在大气中形成烟幕,在成烟过程中不发生化学反应,如尘埃、金属薄片等。

4.3.2 常用发烟剂的性能特点

4.3.2.1 S-4(C-4)混合发烟剂

该发烟剂是溶解在含氯化合物中的硫酸酐(SO_3)溶液,是一种吸湿性酸性液体发烟剂,无色,易挥发,在空气中能强烈发烟。由发烟装置向空中喷洒该液体后,会形成 HCl 气体和 H_2SO_4 蒸气。HCl 气体吸湿性小,不能生成酸雾,不起发烟作用。而 H_2SO 蒸气冷却后凝成硫酸雾,从而构成烟幕。

在低温条件下,混合剂呈半贫化,即硫酸酐呈焦硫化物的晶体沉淀。温度越低,混合剂的半贫化越大。当气温在 -10℃ 以下时,这种半贫化已显著地影响了发烟效能。以后计算时,以混合剂的平均组成为依据,即 39% 硫酸酐含氯化合物约为 57%,含硫酸约为 4%,此时我们近似地把含氯化合物的总量全看作是氯磺酸。含氯化合物发烟能力很弱,主要是硫酸酐发烟,它的饱和蒸气压比氯磺酸大得多。

该混合发烟剂在发烟过程的第一阶段,在压力作用下,经过特殊的喷管喷洒时,被分散为颗粒。液滴从喷洒口向空中飞行时,即发生蒸发,主要是硫酸酐蒸发。显然温度越高,分散越细,硫酸酐从液滴中蒸发得越快、越彻底。在特殊条件下,不可能使全部发烟剂都蒸发,有相当大的一部分液滴在地面上造成损失。温度低时,这种现象更明显,况且还有半贫化状态出现。

在发烟过程的第二阶段,转化为气相的硫酸酐和空气中的水分发生反应,在空气中大量地生成 H_2SO_4 蒸气分子,但 H_2SO_4 的蒸气压大约是磷酸酐的 1/35,因此大气中 H_2SO_4 蒸气是过饱和的,这就促使硫酸凝结成许多微小的雾滴。气相中另一种反应生成物 HCl,具有相当高的蒸气压,几乎不凝结,不参加发烟过程。发烟反应消耗的水分并不很多,空气中仍有大量的水分,由于 H_2SO_4 吸水性非常强烈,所以形成的气溶胶粒子也开始强烈地吸收空气中的水分,使微粒内稀释并使体积增大,分散相便由硫酸水溶液的微粒子组成,硫酸水溶液的蒸气压与空气中水蒸气的压力便处在动态平衡中。最终出现这种情况:当跑出粒子的水分分子数量等于进入粒子的量时,粒子的质量不再因吸水而膨胀,也就是说分散相中溶液的蒸气压力与在分散介质中的水蒸气压力之间发生动态平衡,此时吸湿过程停止。空气中水分的数量(绝对湿度)和温度会影响到该过程。对发烟剂加热后喷洒、发烟,有利于提高发烟效率。

4.3.2.2 磷发烟剂

磷的种类很多,磷成游离状态存在于各种同素异形体中,其中最主要的是黄磷(白磷)及红磷(赤磷)。黄磷是最常用的普通发烟剂,而红磷烟幕最具有较强削弱红外线的作用,近年来发展较快。黄磷不是这种元素的最稳定形态,若受光作用,通电或加热即变成红磷。

红磷是暗红色的碎粉末,工业红磷大约在58℃熔化,其密度为 2.2~2.3 g/cm³。红磷是由紫红色的磷、紫磷和黑磷以不同的比例所组成的,彼此间形成一种固溶体。从形成红磷的各种变化中,所取得的紫磷是一种脆性物质。紫红色的磷是结晶体,在直射光下为红色,在反射光下为紫色。黑磷是一种带有金属光泽的结晶体,熔点为 557~610℃。

黄磷是透明无色带有淡黄色块状的结晶体。黄磷在室温及较高的温度下则变软,低温时变得较脆,溶点为44.3℃,沸点为280.1℃。黄磷几乎不溶于水,溶于液氨、硫酸酐及硫化二氰中,易溶于三氯化磷和三溴化磷中,难溶于酒精、甘油和冰醋酸,较易溶于醚、二溴乙烷、苯、氯苯、松节油中,磷最易溶于二硫化碳中。

磷是一种化学活泼性很强的元素,在与其他元素化合时可以是+3价,但不同的磷其反应的强弱程度是不同的。磷对氧具有特殊的亲和力,磷既能在氧气中燃烧又能在空气中燃烧,但各种磷的燃点是不同的。黄磷的燃点低,在空气中一经摩擦(如在切碎或捣碎时)即能燃烧,甚至能自燃。黄磷在保存时须与空气隔绝,通常保存于水中,所有操作均应在水下进行。在 CS_2 溶液中分离出的细粒状黄磷,立即就能在空气中燃烧,燃烧时发出光亮的黄色火焰。在氧气充足时生成磷酸酐,在氧气不足时则生成一种黄烟状的亚磷酸酐。黄磷燃烧时表面温度可达800℃。黄磷有毒,0.1 g的剂量就能致死。黄磷能在黑夜中发光,这是由于磷蒸气被空气中的氧氧化所致。磷在潮湿的空气中慢慢氧化时,主要生成亚磷酸和次磷酸。黄磷能与许多金属起反应,但与铁及其合金不起反应。红磷燃烧时发出稳定光亮的火焰,也生成烟状产物,红磷在使用时危险性较小,但与氧化剂在一起时,一经摩擦也能燃烧或爆炸,操作时要特别小心。

发烟过程按照化学凝聚方法进行。磷通常是借助爆炸法来分散磷块,如各种发烟炮弹,发烟迫击炮弹及发烟航弹等。被分散的磷块表面在空气中自行燃烧,其余部分借助生成的热开始升华为气体。转化为分散相的磷只占全部磷的75%～80%,这就是它的最大限度的利用系数,在野外条件下,磷的利用系数还要小。由于磷的燃烧使空气温度升高,在发烟场地将产生强烈的对流,把烟带向高空,不利于地面水平遮蔽。转化为气体的一部分磷与空气中的氧气发生反应,形成磷酸酐,这种磷酸酐能与空气中的水分反应,所形成的具有低蒸气压的正磷酸,能迅速使空间饱和并凝结成大量小雾滴。吸湿能力很强的磷酸,能吸收空气中的水汽,在分散相中形成稀溶液的液滴。这个吸湿过程与前面讨论的S-4(C-4)混合发烟剂的吸收过程相似,是一种很有效的发烟剂,它不仅和空气中的水分反应而且也能和空气中的氧结合,发烟能力非常强。

4.3.2.3 蒽混合发烟剂

蒽混合发烟剂又名A-12发烟剂,是当前我军大量生产和装备的一种固体发烟剂,该发烟剂的主要成分为粗蒽和氯化铵。

粗蒽含有10%～15%的蒽、20%～30%的菲、15%～25%的炭灰及其他杂质,蒽和菲的分子式为$C_{14}H_{10}$,相对分子质量为178。蒽是一种淡黄色的结晶物质,其密度为1.25 g/cm^3,熔点为218℃,沸点为342℃,升华温度约为560℃,燃点约为156℃,在常压下蒽的燃烧热为39.82 kJ/kg。菲的熔点为160℃,沸点为340℃,不溶于水,易溶于有机溶剂中,易升华成烟,高温时能燃烧,燃烧热为39.8 kJ/kg。在A-12发烟剂中,蒽起双重作用——燃料作用及发烟剂作用。一部分蒽的燃烧产物热量使其余的氯化铵生成烟。烟按化学凝聚法形成。

氯化铵(NH_4Cl)是白色结晶物质,其密度为1.5 g/cm^3,在水中的溶解度有限,加热NH_4Cl到比较高的温度时则开始分解,生成NH_3和HCl,不同温度分解度不同,加热后生成了NH_4Cl,NH_3,HCl的气体混合物。当冷却时,NH_3,HCl又还原为NH_4Cl气溶胶微粒。氯化铵的蒸气压是由未分离的NH_4Cl的蒸气压和气体NH_3,HCl的蒸气压组成。氯化铵的热容量为1.63 J/(g·K),蒸发热为163.3 kJ/kg。

实验表明,当空气相对湿度<80%时,形成的固体微粒没有任何吸湿能力;当空气相对湿度>80%时,气溶胶粒子强烈地吸收空气中的水分,形成氯化铵的水溶液气溶胶液滴,直到溶液蒸气压与空气中的水蒸气压力相平衡。这种现象的原因是NH_4Cl在水中的溶解是有限的,在夏季的气温下,NH_4Cl的水溶解浓度也不可能大于25%～30%,这可用下例说明。

设一定湿度下水蒸气压力为p_1,分散相为NH_4Cl水溶液液滴,其蒸气压为p;当体系处于平衡状态时,有$p_1=p$。进入溶液液滴的水分子数开始恰等于脱离的分子数。如果 p_1 下降,为了使整个体系达到平衡,p 也降低,脱离的水分子数开始比进入液滴的分子数多,液滴中的水分蒸发掉,溶液的浓度增大,其蒸气压减弱,但只能达到一个极限——溶液达到饱和,甚至过饱和。此时,若水的蒸气压继续下降,会出现 $p_1<p_{饱和}$,这就促使液滴中的水分不断蒸发,直到全部蒸发完,已不再作为溶液存在,气溶胶的粒子就剩下 NH_4Cl 固体,因此可以认为当 $p_1<p_{饱和}$ 时,没有任何吸湿过程存在。当 $p_1>p_{饱和}$ 时,则进入分散相的水分子比离去的要多,溶液吸湿恢复平衡,使 $p_1=p$,p_1 越大吸湿越多,雾的浓度也越大。

4.3.2.4 金属氯化物发烟剂

许多沸点不太高的金属氯化物,其蒸气在冷却时能生成烟,如 $CuCl_2$,$FeCl_3$,$AlCl_3$,$ZnCl_2$,$CdCl_2$,$HgCl_2$ 都是如此。其中有许多是吸湿性很强的化合物,如 $ZnCl_2$,$AlCl_3$ 等,从而增大了烟的浓度,增强了金属氯化物的发烟能力。

然而,直接升华金属氯化物是十分困难的,通常是金属粉末和含氯的有机物质混合,加热时各成分间起化学反应并产生大量的金属氯化物蒸气,冷却后成烟。最初的混合剂是金属和四氯化碳:$2Zn+CCl_4 \Longrightarrow 2ZnCl_2+C$,或者当有六氯乙烷和过氧化锌作氧化剂时:$3Zn+C_2Cl_6 \Longrightarrow 3ZnCl_2+2C$,$2ZnO+C \Longrightarrow CO_2+2Zn$,生成的 $ZnCl_2$ 在反应所生成的热作用后升华,冷凝时,凝聚成粒子,吸湿能力比 NH_4Cl 大,相对湿度在 60%~65% 以上时,发烟能力大增。

混合剂中的金属成分应是在高温时能与含氯化合物强烈反应的金属,而且反应生成的金属氯化物应有较大的吸湿能力。金属对氯的亲和力越大,则从有机氯化物中取代氯的反应越强烈。因此,混合剂中的金属成分应是金属性强的金属,但又要在空气中具有长期储存的稳定性。筛选的结果是锌和铝比较符合要求,铁虽在性能上不及锌和铝,但其价格低廉、来源丰富。为了能更好地与有机氯化物充分接触,金属应是粉末状或粒状。

锌的熔点为 419.4℃,沸点为 907℃,密度为 7.03 g/cm^3,在 0~100℃下热容为 0.392 $J/(g \cdot K)$,在 300~400℃下热容为 0.51 $J/(g \cdot K)$,熔化热为 108.9 J/g。锌在干燥空气中不起变化,但在潮湿空气中和水作用逐渐生成一层主要由碳酸盐组成的薄膜将锌盖住。在温度 505℃下能着火燃烧,1 g 锌能放出 5.5 kJ 的热,并生成氧化锌。锌能直接与卤素、硫、磷、砷等化合。锌与 HCl,H_2SO_4 作用生成氢气,与硝酸作用分离出氨或氮的氧化物,与金属氧化物、氯化物作用时能把金属还原。铝粉由废铝片制成,为银白色,密度为 2.7 g/cm^3,熔点为 659℃,沸点为 1 800℃,热容量比其他金属大,为 0.971 $J/(g \cdot K)$。

含氯有机物应是含氯十分丰富而且不被水解的物质,芳香族碳氢化合物中的氯代物和脂肪族碳氢化合物的氯代物符合这种要求。四氯化碳是无色易挥发液体，带有特殊气味，凝固点为$-23℃$，沸点为$76.7℃$，密度在$0℃$时为1.63255 g/cm^3，$20℃$时为1.595 g/cm^3。固体四氯化碳的热容量在$-40℃$时为0.8415 $J/(g·K)$，液体四氯化碳的热容量$(0\sim30℃)$为0.8353 $J/(g·K)$，熔化热为17.42 J/g，蒸发热为76.79 J/g。四氯化碳能溶解于有机溶剂中，其本身能溶解油脂、焦油和油漆等，化学性质稳定，难水解，不能燃烧，只有在高温时与金属作用分解出氯气。四氯乙烷有两种同分异构体：$Cl_2CH—CHCl_2$和$Cl_3C—CH_2Cl$。$Cl_2CH—CHCl_2$的熔点为$43.8℃$，沸点为$146.3℃$，密度在$20℃$时为1.6 g/cm^3，$20℃$时蒸气压为773.3 Pa。四氯乙烷的蒸发热为230.7 J/g，其化学性质与四氯化碳相近。$Cl_3C—CH_2Cl$是液体，熔点为$130.5℃$，密度为1.588 g/cm^3。五氯乙烷(C_2HCl_5)是一种液体，熔点为$-29℃$，沸点为$162℃$，密度在$0℃$时为1.709 g/cm^3，蒸气压在$70℃$时为5200 Pa，其化学性质也与四氯化碳相似。

六氯乙烷(C_2Cl_6)是一种白色或带有黄色的结晶物质，在$185℃$熔化并同时升华。其密度为2.091 g/cm^3，热容量为3.098 $J/(g·K)$，蒸气压在$60℃$时为800 Pa。六氯苯(C_6Cl_6)是一种白色的结晶物质，其熔点为$226℃$，沸点为$326℃$，熔化的六氯苯的密度为1.569 g/cm^3，它不溶于水而溶于酒精。高温时金属可以取代六氯苯中的氯。五氯苯是一种结晶物质，其熔点为$86℃$，沸点为$277℃$，熔化的六氯苯的密度为1.84 g/cm^3。

氯化锌是一种白色粉末或白色粒块，当其气体凝结时则生成一种针状晶体，它在$365℃$时熔化，$732℃$沸腾，其密度在$25℃$时为2.907 g/cm^3，$60℃$时的热容量为0.569 $J/(g·K)$。氯化锌的特性是吸水性极强，放在潮湿空气中即潮解，$10℃$时在水中的溶解度为73%，$40℃$时为82%。

下述介绍4种金属氯化物发烟剂配方：

1）四氯化碳、锌粉、氧化锌和硅藻土，含量分别为50%，25%，20%，5%。其中，氧化锌和硅藻土起松软作用，供固定四氯化碳液体用，混合剂燃烧生成的二氯化锌在空气中凝结，分离出的碳使生成的烟变成灰色。

2）四氯化碳、锌粉、氯酸钠、氯化铵、碳酸镁，含量分别为41.1%，32.2%，14.6%，8.8%，3.3%。此配方要得到白色的烟幕，须将碳氧化，为此在混合剂中加入了氯酸钠。还可用较不活泼的碳酸镁松软剂来代替硅藻土，并用氯化铵作辅助发烟剂和稳定剂。

3）四氯化碳、锌粉、氯酸钠、碳酸镁、硝酸钾，含量分别为40.8%，34.6%，9.3%，8.3%，7%。该配方燃速快，由于氯酸钠有吸湿性，因此也可用氯酸钾代替它。

4)锌粉、氯化锌、六氯乙烷,含量可采用28%,22%,50%或50%,0,50%或47.5%,5%,47.5%三种配比。配方中以六氯乙烷代替液体含氯成分四氯化碳,不需要松软剂,也不含氧化剂,使用更加方便、可靠,称为CH混合剂,被广泛使用。

第5章 假目标伪装材料

现代战争条件下,适时地设置假目标,密切配合隐真,是保证真目标获得可靠隐蔽的有效措施。从假目标的分类来说,有充气式假目标、装配组合式假目标、骨架蒙皮式假目标和发泡成形式假目标等4种。

1)充气式假目标是用灌充气体的方式使其快速成形的目标模型,由塑料、橡胶薄膜或尼龙橡胶布以及充气组件构成。它具有较高的逼真度,且质量轻、体积小、便于储存和运输、设置和撤收速度快等优点。充气式假目标适用于模拟技术兵器、帐篷等中小型目标,并有利于模拟目标的圆管、曲面等部件。

2)装配组合式假目标是由若干部件按预定设计程序和方法组合装配成形的目标模型。这种假目标按示假的战术技术要求设计造型,以玻璃钢壳体和杆件为主要材料。

3)骨架蒙皮式假目标由金属、玻璃钢、塑料骨架以及织物蒙皮构成。它具有造型逼真、便于携带、设置快速等特点,主要适用于模拟建筑物、武器装备等大中型目标。

4)发泡成形式假目标通常指采用聚氨酯材料在模具内发泡成形的目标模型。该假目标可在常温下利用假目标模具和聚氨酯发泡材料现场浇注成形。其特点是逼真度高,能承受一定的风、雨、雪负载。制作假目标的聚氨酯材料主要是异氰酸酯和聚醚多元醇。

综合以上不同类型假目标涉及的材料,本章重点阐述塑料、橡胶、玻璃钢、发泡材料以及脱模剂等。

5.1 塑　　料

塑料是指以高的相对分子质量的合成树脂为主要组合,加入适当添加剂,如增塑剂、稳定剂、抗氧化剂、阻燃剂、着色剂等,经加工成型的塑性材料,或固化、文联形成的刚性材料。由于产量大,价格低廉,塑料广泛应用于假目标的制作过程中,如在充气式目标、装配组合式假目标中均有大量使用塑料。

5.1.1 塑料的分类

5.1.1.1 按塑料中树脂的受热行为分

1. 热塑性塑料

热塑性塑料是受热时可以塑化和软化,冷却后则凝固成形,并且随温度的改变可以反复变形的塑料。聚乙烯、聚氯乙烯、聚苯乙烯等都属于这一类。热塑性塑料中的大分子是线型分子,受热时易发生分子间的滑移,引起变形。

2. 热固性塑料

热固性塑料是受热时不发生塑化变形的塑料。如酚醛塑料、脲醛塑料等都是热固性塑料,它们的分子交联成网状的体型结构。

5.1.1.2 按塑料的使用性能分

1. 通用塑料

通用塑料是塑料中那些产量大、价格低、应用广的品种。通常是指聚乙烯、聚氯乙烯、聚苯乙烯、聚丙烯、酚醛和氨基树脂共六大品种。

2. 工程塑料

工程塑料指机械强度比较高,具有某些金属性能,可代替金属用作工程结构材料的一类塑料。

目前主要的工程塑料品种有 ABS 树脂、聚酰胺、聚甲醛、聚碳酸酯、聚酯、邻(间)苯二甲酸二烯丙酯、环氧树脂、氟塑料、聚苯醚、聚砜和聚酰亚胺等,其中应用最广的工程塑料是 ABS 树脂,其次是聚酰胺、聚甲醛和聚碳酸酯。

世界上生产的塑料有 300 种以上,产量最大的是聚乙烯、聚氯乙烯,其他 4 种通用塑料的产量也都在百万吨以上。所以,塑料是最重要的合成材料,产量最大,应用最广,增长速度最快。

5.1.2 塑料的性能及特点

塑料在常温下处于力学状态中的玻璃态,它有一定的结晶度,一般的结晶程度由大到小为纤维>塑料>橡胶。在常温下受力时变形很小,一般在 0.1%～1%之间。在较高温度时受力变形很大,其中部分是形可逆的,部分则是不可逆的永久形变。黏度延展性与温度有很大关系,反映出塑性行为。

塑料具有以下特性:

1)密度小。一般在 $0.9 \sim 2.3 \text{ g/cm}^3$ 范围,约为钢的 1/6,铝的 1/2,用作结构材料时可大大减轻自重。

2)耐化学腐蚀。一般塑料对酸、碱等化学药品具有良好的抵抗能力。如聚四氟乙烯能在"王水"中煮沸而性能不受影响。

3)几乎所有塑料都具有优越的电气绝缘性能。

4)耐磨性能好。

然而,塑料的一般品种机械强度不大,刚性、耐热性较差,易燃烧,导热性差,有的易溶于溶剂等。

5.1.3 塑料制品的组成及各组成成分对性能的影响

塑料可以只由一种物质(树脂)组成,如有机玻璃就是纯粹的高聚物。然而,大多数塑料是由多种组分所组成,除树脂外,还加入了各种添加剂。一般情况下,塑料制品的组成成分如下。

5.1.3.1 树脂

树脂是未经过加工的原始聚合物,它是塑料中起黏结作用的成分,也叫黏料,是塑料中的主要成分,其性能基本上决定了塑料的基本类型和主要性能。

5.1.3.2 添加剂

1. 填料

填料在塑料中起到增强作用,还能使塑料具有树脂没有的性能(如导电性),正确选用填料,可以改善塑料的性能和扩大它的使用范围。如提高强度和耐热性、减少收缩率等,还可降低成本。

对填料的要求是:易被树脂润湿,与树脂有较好的黏附性(亲和性),性能稳定,价格便宜等。常用填料有木粉、云母粉、石英粉、石墨粉、炭黑、各种金属粉及金属氧化物粉等。各种纤维物质也可作为填料。

2. 填塑剂

填塑剂用来提高树脂的可塑性和柔软性,常用填塑剂是液态或固态有机物,有较高的沸点和较低的熔点,如邻苯二甲酸酯类、癸二酸酯类等。由于大分子间加入了小分子,降低了分子间的作用力,使塑料变软。增塑剂的加入使树脂的加工性能大大改善,对塑料薄膜的制造有重要意义。

3. 固化剂

固化剂是一般用于热固性树脂成形,能使树脂的线性结构变为体型结构的添加剂。

4. 稳定剂

稳定剂实际是防老化剂,用于延长塑料的使用寿命,分抗氧剂和紫外线吸收剂等。它们通常是酚类及胺类等有机物,炭黑可作为紫外吸收剂。

5. 其他

其他的组成成分有润滑剂(脱模剂)、着色剂、阻燃剂等。

5.1.4 塑料的常见品种介绍

当前,世界上生产的塑料品种有300多种,其中常用的有五六十种,产量最大的是聚乙烯和聚氯乙烯。聚苯乙烯、聚丙烯、聚氨酯、酚醛塑料的年产量也都达到了百万吨以上。此外,ABS树脂、聚酰胺、聚甲醛、聚碳酸酯塑料也有较大的用量。

5.1.4.1 聚氯乙烯(PVC)

聚氯乙烯是应用最广泛的热塑性塑料,它是由氯乙烯聚合而成的高分子化合物。在国内,聚氯乙烯是目前产量最大的塑料品种,在国外,其产量仅次于聚乙烯,现在的年产量已接近1 000万吨。聚氯乙烯是一种无毒无臭的聚合物,纯的聚氯乙烯树脂常为白色颗粒状,根据其结晶程度和材料厚度不同,聚氯乙烯可处于透明至不透明状态。

在塑料这个大家族中,聚氯乙烯最突出的特性是火焰的自熄性,即把聚氯乙烯放于火焰上可以燃烧,而一旦离开火焰,聚氯乙烯的燃烧则可以自行停止。因此,聚氯乙烯树脂本身就有较好的防火性能。原因是在聚氯乙烯的大分子链的组成元素中,Cl占元素总质量的56.8%,C和H两种元素只占到43.2%。一般地,化合物中含C,H等有机成分越多,燃烧性能越好;含卤素等无机成分越多,燃烧性能越差。如果再给聚氯乙烯树脂配以难燃增塑剂(如氯化石蜡、磷酸三丁酯等)和难燃的填料,或加入其他阻燃剂,则可以进一步提高聚氯乙烯的防火性能。正因为如此,聚氯乙烯在伪装中占有重要的地位,如伪装网、伞、假目标等伪装器材主要是用聚氯乙烯制成的。

有些塑料在性能的某一方面有突出的表现,而在其他方面的表现比较差。但聚氯乙烯不是如此,它具有较好的综合性能,如机械强度、化学稳定性、电绝缘性等都较好。另外,它的加工性能也比较好,加入较少的增塑剂(10%以内),可得到硬质氯乙烯,用于制造板材、管道、电影胶片、照相底片等硬制品;加入较多的增塑剂(一般为20%~25%左右),可得到软质聚氯乙烯,用于制造薄膜、伪装饰片及其他软制品。它还可以抽成丝制成耐腐蚀的氯纶纤维,加入发泡剂制成耐燃的泡沫塑料,制成聚氯乙烯树脂糊,用来制造人造革等。

聚氯乙烯在常温下可耐任何浓度的盐酸,90%以下的硫酸,50%~60%以下的硝酸和70%以下的氢氧化钠溶液,对盐类也相当稳定。室温下,它难溶于一一般有机溶剂（如烷烃、芳烃、醇、脂等），但可溶于氯代烃和酮。

聚氯乙烯的单体氯乙烯来源广泛，容易得到，价格低廉，也是聚氯乙烯能够得到大力发展的一个原因。

聚氯乙烯的缺点主要是耐热性差，软化点低（80℃左右），容易发生热分解，耐寒性差，冲击强度也不够高。

为了克服这些缺点，已生产出了许多种聚氯乙烯的改性品种：

1）氯化聚氯乙烯，是用一种特殊的方法使聚氯乙烯与氯气反应，使高分子链中含有1,2-二氯乙烯和偏氯乙烯型结构。这样得到的产物，其耐热性与聚氯乙烯相比有很大提高，软化温度可达120℃，机械强度也比硬聚氯乙烯高。

2）氯乙烯-丙烯共聚物中丙烯的质量占2%～8%，除保持聚氯乙烯的优点外，还提高了高温时的延伸率，更易于加工成薄膜，透明度也很好。这是目前世界各国最为重视的共聚物塑料品种，广泛用于各种包装材料。

3）氯乙烯-醋酸乙烯共聚物也是广泛生产的品种之一，一般以氯乙烯单体为主，醋酸乙烯在共聚物中起内部增塑作用，醋酸乙烯含量愈多，产品愈柔软。含醋酸乙烯20%左右的共聚物，不加增塑剂就可直接制成薄片，抗冲性能较好。

4）聚氯乙烯可与ABS，甲基丙烯酸甲酯（M）、丁二烯（B）、聚苯乙烯（S）、三元共聚物（MBS）混炼。如聚氯乙烯与15%的MBS混炼，抗冲强度可提高7～8倍。

5）如果在聚氯乙烯树脂中混以短玻璃纤维（实际上是作为纤维状填料），可得到增强的聚氯乙烯塑料。通常把树脂中混入短纤维制成的这种复合材料称为玻璃钢，其具有极高的机械强度，可代替钢材作各种结构的骨架材料，同时它又有质轻、耐腐蚀、易加工成形等优点。伪装器材中的许多支撑杆件等，就是玻璃钢制成的。

5.1.4.2 聚苯乙烯（PS）

可发性聚苯乙烯泡沫塑料是泡沫塑料中的一种，而泡沫塑料又是塑料的一个品种。自1985年泡沫塑料问世以来，随着科学技术的发展，各种泡沫塑料相继诞生，在工农业、科学、文化生活、军事中的应用越来越广泛，可发性聚苯乙烯泡沫塑料也是应用较广的一种。聚苯乙烯、聚乙烯、聚氨酯、聚甲醛、聚乙烯醇缩甲醛、环氧树脂和有机硅树脂等都是泡沫塑料。

软质泡沫塑料具有良好的弹性，是坐垫的理想材料；如果切成薄片与织物贴合在一起作为衣服衬里，具有优异的保暖性能。用泡沫塑料制成的鞋底以及凉鞋、拖鞋，行走舒适而又耐用。泡沫人造革手感柔软丰满，易于裁切缝制，已广泛用作箱子、拎包、家具套的原材料。它是一种透气吸湿的合成皮革，具有类似皮革的舒适性。

微孔聚氨酯泡沫塑料,质轻、耐磨,冷弯曲性能良好,是很好的鞋底材料。微孔聚氨酯泡沫塑料还可作为工程材料,制成封口、垫圈、缓冲衬垫、工业轮胎和辊筒等。

用聚氨酯、聚苯乙烯、聚氯乙烯等制成的低发泡泡沫塑料,可以作为木材的代用品。合成纸是聚乙烯、聚苯乙烯和聚氯乙烯等树脂制成的薄膜,再经过发泡和纸化处理制成书写、印刷用纸,印刷特种文件、地图等,或制成泡沫纸板,用于包装。

泡沫塑料在建筑、造船、冷藏、交通运输、化学工业和无线电技术中的应用也很普通,可以制作天花板、壁板;用作救生衣、船艇和冷藏库的隔热、隔声设备;电影、电视和录音可用泡沫塑料来控制杂声;无线电技术中使用泡沫塑料作为雷达的整流罩;化学工业中作为电解、电渗和电池的隔膜以及管道和化工设备的保温防腐蚀材料。这些在民用工业中的用途也程度不同地用于军事工业生产和装备,也有的直接用于军事技术。

硬质泡沫塑料与轻金属黏结,具有质轻、强度高、隔热性能良好、自熄等特点,可用作飞机特别是喷气飞机的机舱和地板。用泡沫塑料制成的微球,燃烧成烟雾后,不仅用在国防军事上,而且还可加以金属后反射微波,配在火箭和人造卫星上作为它们的宇宙示踪剂。

把泡沫塑料用于伪装工程设施目前并不多见。但根据它们的特性,经过一定的研究论证和加工制作,应用于反中红外伪装、反雷达微波伪装、反光学伪装和音响伪装的可能性是存在的。例如,可发性聚苯乙烯泡沫塑料具有良好的白度和反射紫外线的性能,应用它加工制作成一定的成形材料,用于雪地伪装,对付可见光、紫外线、近红外线的侦察已成为可能。

5.1.4.3 ABS塑料

ABS是丙烯腈-丁二烯-苯乙烯的三元共聚物。其中A代表丙烯腈,B代表丁二烯,S代表苯乙烯。它是在聚苯乙烯的改性过程中逐渐发展起来的。

由于ABS是由三种成分组成的,因此兼有三种组分的特性。聚丙烯腈由于极性基团—CN基的存在,具有优异的耐油性,耐热性也较好;聚丁二烯是橡胶成分,能吸收高速负载的机械能,故耐冲击性、低温性能好;而聚苯乙烯没有极性基团,电气性能、加工性能特别好。故ABS是集塑料、橡胶和纤维性能于一体的典型例子,是一种具有综合性能的热塑性工程塑料。

调节各单体在共聚物中的含量,可以得到不同性能的ABS塑料。ABS具有良好的韧性和表面硬度,在较大温度范围内具有优良的耐冲击性,其抗冲击强度比聚苯乙烯高得多,如室温下ABS的抗冲击强度比聚苯乙烯高25倍左右。同时它还具有较高的拉伸强度(一般为35~49 MPa)。具有这样的综合性能,在热塑性塑料中是不多见的。

1）ABS的热变形温度较高，一般为110℃左右；电性能也很优越，温度、湿度对ABS树脂的电性能影响很小。

2）ABS对水、无机盐、碱和酸类，几乎完全没有影响，但酮、醛酯以及有些氯代烃对其有一定的溶解作用。

3）ABS产品的尺寸稳定性好，可在其表面上镀铬或其他金属，也可以制成泡沫塑料。ABS不易燃烧，它是一种缓慢燃烧材料。

4）ABS有两个明显的缺点：不透明和耐候性差。耐候性差与树脂中含有不饱和键有关。可以用氯化聚乙烯代替ABS中的丁二烯，制得ACS树脂，它是用丙烯腈和苯乙烯与氯化聚乙烯分子共聚而成的，产品耐候性和耐热性好，且耐燃烧性高。为了改善其透光性，用甲基丙烯酸甲酯代替ABS中的丙烯腈，称为MBS。ACS和MBS只是ABS的两个改性品种，其实ABS的改性产品还有很多种。

5.1.4.4 聚酰胺

聚酰胺，通称尼龙，可以是二元胺和二元酸的缩聚物，也可以是氨基酸本身的缩聚物。它们都是线型结构，易结晶，链中包含有—CO—NH—基团，易形成分子间的氢键。尼龙是一个系列产品，从尼龙3到尼龙14以及其他共聚物品种（如尼龙66）都已制成。尼龙是按所组成的二元胺和二元酸的碳原子数来命名的。例如，己二胺和己二酸的缩聚产物叫尼龙66，己二胺和癸二酸缩聚的叫尼龙610。前面的数字表示二胺的碳原子数，后面的数字表示二酸的碳原子数。由氨基酸本身缩聚而成的高聚物，按氨基酸所含碳原子的个数来命名，如尼龙6、尼龙9等。现在大量生产的是尼龙66和尼龙6两个品种，通常所谓的尼龙就是指尼龙66，尼龙6通称为卡普隆或锦纶。

尼龙除纺丝用作合成纤维外，也是重要的热塑性工程塑料之一。

聚酰胺树脂是从白色至淡黄色的不透明固体物，因结晶程度较高，其熔限较窄，熔点取决于它们的结构，特别是氢键的数量，一般在180～280℃之间。其中，尼龙6的熔点为210～215℃，尼龙66的熔点为255～264℃。它们二者在150℃以下看不出显著形变，由于聚酰胺有较明显的熔点，所以它们的热变形不像有些高聚物是缓慢进行的，而是突然就有较大的形变。聚酰胺的显著特点是优异的耐磨性和自润滑作用。其耐磨程度可与金属铜和某些合金相比。如再加入二氧化钼、石墨等填料，聚酰胺的耐磨性可进一步提高。聚酰胺的其他机械性能也很好，如拉伸强度，依种类不同，一般在50～80 MPa范围之间。它也具有燃烧的自熄性。

聚酰胺的主要缺点是日光下易老化和吸水率大。特别是吸水后制件尺寸胀大,硬度直线下降,绝缘性降低。

聚酰胺有很好耐溶剂性,弱碱、醇、酯、酮、汽油、显影液及清洁剂等对它都没有影响,也不易发霉。在常温下,它只溶解于强极性溶剂(如酚类、硫酸、甲酸),以及某些盐溶液,如氯化钙饱和的甲醇溶液。

5.1.4.5 其他塑料品种

1. 耐腐蚀的聚四氟乙烯

在"王水"中煮沸,其自重和性能也没受到什么影响,因此被称为"塑料王",但是其机械强度并不特别高。它又有很高的耐热性和耐寒性,可长期在195~250℃温度范围内使用。

2. 高度透明的有机玻璃

其透光性接近于无机玻璃,可透过90%以上的太阳光,紫外线的透过率为73%,热变形温度为140℃,易吸水,易溶于丙酮、二氯乙烷、氯仿等有机溶剂。

3. 耐高温的塑料制品——聚砜、聚苯醚和聚酰亚胺

聚砜的热稳定性好,可长期在150~174℃范围内使用,结晶点为190℃,表面可进行电镀。聚苯醚是一种线型非结晶高聚物,长期使用温度范围为120~121℃,耐水性好。聚酰亚胺是迄今所有有机聚合物中最耐高温的品种之一,在260℃的高温下可长期使用,间歇使用温度可高达480℃。其机械强度很高,如拉伸强度可达1 000 kg/cm^{2}以上。聚砜、聚苯醚和聚酰亚胺都属于热塑性工程塑料。

5.2 橡　　胶

最早使用的橡胶是天然橡胶,天然橡胶是从热带橡胶树或橡胶草中取得白色浆汁,用醋酸处理胶乳使其凝结成块,再经加工而成的。天然橡胶的性能虽然优良,但由于其生产条件的局限性,要大规模地提高天然橡胶的产量是不大可能的,因而不能满足不断增长的对橡胶的需求量。这样就促进了合成橡胶的研究和发展。

合成橡胶,是用人工合成法制得的具有弹性、类似橡胶的高聚物。1914年,人们第一次研制成功人工合成的弹性材料。20世纪30年代起,丁钠橡胶、氯丁橡胶、丁苯橡胶、丁腈橡胶等先驱品种开始投入生产。以后又生产了硅橡胶、氟橡胶、聚硫橡胶、聚亚胺基甲酸橡胶、丁吡橡胶、氯醇橡胶、丙烯酸酯橡胶等多种橡胶品种。合成橡胶在性能上完全可以替代天然橡胶,现在,合成橡胶占橡胶总产量的70%以上。

橡胶是一种重要的经济物资和战略物资,用途十分广泛,橡胶制品已达几万种之多。据资料统计,橡胶几乎有50%以上的产量用于各种轮胎的生产;除此以外,还用于减振、密封装置、作为各种绝缘材料等。橡胶还具有各种特殊性能,如硅橡胶可用于制造人造心脏瓣膜、人造喉等,就是利用了硅橡胶具有生理惰性,无味,无毒,耐老化性能优异等特点。

在伪装上,橡胶更多的是制成胶液(液体橡胶),制备各种薄膜、无纺布、涂料和胶黏剂等,也可制成导电、导磁的材料等。

5.2.1 橡胶的分类

橡胶是以高分子化合物为基础的高弹性材料,与塑料的区别是在很大的温度范围(−50~150℃)处于高弹态,在较小的负荷作用下能发生很大的变形,除去负荷后又能很快回复到原来的状态,所以橡胶是天然的或人造的高分子弹性体,其单个大分子的形态一般为线型,分子主链为柔性链,容易发生链的内旋转,使分子呈蜷曲状。其主链上所带的侧基一般为非极性基团,相互作用力小,有利于提高分子链的柔顺性。橡胶的分子在通常温度下不易结晶,由于上述结构特点,橡胶的机械强度比塑料低,但它的伸长率要比塑料大许多倍。

纯橡胶的性能随温度的差别有较大的变化。高温时发黏,低温时易结晶变脆,且能被溶剂溶解。因此,纯橡胶并不能单独用作材料。通常我们所使用的橡胶制品,都是纯橡胶中加了各种配合剂,经过硫化处理(使高分子链间连上了硫原子)所得到的。硫化使线型的橡胶分子成为网型的橡胶,具有一定的机械强度。它在很大温度范围内都具有稳定的高弹性,在溶剂中只发生溶胀而不会溶解。橡胶配合剂的种类很多,可分为硫化剂、硫化促进剂、防老剂、软化剂、填料、发泡剂以及着色剂等。对配合剂的要求是:粒度小,分散性好,能被橡胶所湿润,彼此间黏附力大,无水分。

橡胶分为天然橡胶和合成橡胶。合成橡胶又可分为通用橡胶(作为一般用途的橡胶,可以看成是天然橡胶的代用品)、特种合成橡胶(用作耐高温、低温、酸、碱、油等介质和其他特殊条件的橡胶制品)。烯烃类低分子一般可作为合成橡胶的单体,如苯乙烯、乙烯、丙烯、丙烯腈、丁二烯等,常用的是二烯烃类单体。

5.2.2 橡胶的性能及特点

各种橡胶的性能可从下述三方面来衡量:

(1)物理机械性能

如弹性的大小,失去弹性变脆的温度(T_g),反复弯曲后温度升高多少(疲劳生热);还有抗张强度、耐磨性、耐油性、气密性等。

(2)加工性能

可塑性的大小,制品的尺寸稳定性,与配合剂的混合性,尤其注意是否容易硫化。

(3)使用性能

除了耐臭氧性、耐候性、耐光性和耐水性外,还有在特定环境条件下的性能,如耐油、耐溶剂、耐化学腐蚀、耐高低温、耐辐射、电绝缘等性能。

对橡胶性能总的要求是,弹性好但要适度(弹性太大加工性差),抗张强度要大,使用温度范围要广,不易老化,便于硫化,耐磨性好,容易加工。特种橡胶还应有某种特殊性能。在以上性能中,橡胶最突出的也是区别于其他高聚物的性能就是高弹性。它是橡胶性能的主要特征。

橡胶的高弹性只出现在玻璃化温度(T_g)和黏流化温度之间,即 $T_g \sim T_f$,也就是橡胶的使用温度范围。其中 T_g 是最低使用温度,T_f 是最高使用温度。

常用橡胶的使用温度范围见表 5-1。

表 5-1 常用橡胶的使用温度范围

橡胶名称	使用温度范围/℃
天然橡胶	-50~+120
丁苯橡胶	-50~+140
氯丁橡胶	-35~130
丁腈橡胶	-35~+140
硅橡胶	-70~+275
氟橡胶	-50~+300

5.2.3 橡胶材料品种

5.2.3.1 天然橡胶

天然橡胶是以异戊二烯为主要成分的不饱和状态的天然高聚物。天然橡胶的分子结构中有双键存在,所以它可以有顺式和反式两种构型。反式构型因对称性大,易形成结晶,弹性低,硬度大。通常所说的天然橡胶指的是顺式聚异戊二烯。

天然橡胶有以下性质:

1)弹性大。天然橡胶有很好的弹性,弹性伸长率可达1000%在0~100℃范围内,回弹率可达80%以上;在130℃时仍能正常使用,当低于-70℃时,橡胶失去弹性;在0~100℃范围内,天然橡胶的回弹性可达到50%~85%。

2)机械强度好。纯胶硫化后的抗张强度为170~290 kg/cm²,炭黑补强的硫化胶可提高到250~350 kg/cm²,耐屈挠性好,经试验20万次以上才出现裂口。

3)有较好的气密性。

4)化学性质。因分子链上含有不饱和双键,可发生加成、取代、环化及裂解等反应,也可用于橡胶的硫化。

5)电的绝缘体。在潮湿或浸水后,仍有较好的电绝缘性。

6)耐介质性。耐碱性好,耐一些极性溶剂,但不耐浓强酸,耐油、耐非极性溶剂差,在非极性溶剂中易膨胀,这是因为天然橡胶为非极性橡胶。

5.2.3.2 几种通用合成橡胶

1. 丁苯橡胶

丁苯橡胶是以丁二烯和苯乙烯为单体,在乳液或溶液中用催化剂进行催化共聚而得到的高分子弹性体。它是一个嵌段高聚物。由于丁二烯与苯乙烯单体的比例不同,可制得许多种丁苯橡胶。丁苯橡胶的主要品种有丁苯10,丁苯30,丁苯50等橡胶(其中数字表示苯乙烯在单体总量中的比例)。

丁苯橡胶的耐热、耐老化性能比天然橡胶好,而耐臭氧性比天然橡胶差,必须加入耐臭氧老化剂,丁苯橡胶的抗张强度、伸长率都很低,加入炭黑等补强剂才可使用。

2. 聚异戊二烯橡胶

聚异戊二烯橡胶是以异戊二烯为单体,用溶液聚合方法聚合而成。顺式聚异戊二烯的结构与天然橡胶相似,其性质也基本上与天然橡胶相同。

3. 乙丙橡胶

乙丙橡胶是以乙烯、丙烯为单体,使用特殊催化剂在溶液状态下共聚而成的。乙丙橡胶中由于丙烯以无定形排列,破坏了聚乙烯的结晶性,因而是非结晶橡胶。乙丙橡胶的分子链上没有双键,成为饱和状态,分子内也没有极性取代基,链节很柔顺。与别的橡胶品种相比,具有下述优点:

1)耐老化性是通用橡胶中最好的。它的抗臭氧性、耐气候性、耐热性都相当出众。如长时间地处于臭氧的介质中不龟裂;在阳光下曝晒几年不出现裂纹;能在150℃下长期使用,间歇使用时耐温可达200℃。

2)电绝缘性优良。由于其吸水性小,浸入水后电性能变化很小。

3)对各种极性化学药品和酸、碱有较大的抵抗性,但对碳氢化合物和油类稳定性差。

4)冲击弹性仅次于天然橡胶,有较好的低温弹性,—57℃才开始变硬。

5)比重小,可混入大量填料,而性能下降不大。

4. 氯丁橡胶

氯丁橡胶由 2-氯丁二烯-(1,3)在乳液状态下聚合而成,其中反式结构决定氯丁橡胶的结晶度,其比例越大,结晶度愈高。由于分子链上有氯原子,因而具有极性,在通用橡胶中,其极性仅次于丁腈橡胶,具有下述优点:

1)有很好的耐臭氧性、耐热和耐阳光老化性。

2)耐油性比天然橡胶、丁苯橡胶好。耐溶剂和一般的酸碱,不耐浓硫酸和浓硝酸。

3)具有耐热性和不易燃烧性,一旦燃烧会放出氯化氢气体阻止燃烧。

4)不透气性比天然橡胶大 5~6 倍。

5)强度、弹力稍低于天然橡胶。

6)耐寒性、电绝缘性不好,密度大。

5.2.3.3 几种特种合成橡胶

特种合成橡胶主要是适用于一些特殊条件下工作的橡胶制品。其一般的物理机械性能比通用橡胶差,但其某些性能大大超过通用橡胶,其比较突出的性能有下述 3 种:

(1)耐高温与耐低温

大部分通用橡胶的使用温度在—50~100℃,超过此范围就会失去弹性。而特种合成橡胶能在 200~300℃使用,在 425℃可短期使用,甚至能在 1 000℃瞬时使用,也能在—100~120℃下使用。

(2)耐介质腐蚀

许多特种橡胶可在油类、酸、碱、强氧化剂和有机溶剂中工作。

(3)耐真空,耐辐射

一般橡胶在高真空环境中使用常产生裂纹;在有 χ,α,β,γ 等射线照射下会发热、变脆,特种橡胶则能正常使用。

1. 丁腈橡胶

它是由丁二烯和丙烯腈共聚而成的高分子弹形体。相对分子质量为 70×10^6 左右,其中丁二烯为主要单体,丙烯腈为辅助单体(最高含量为 42%,最低为 24%以下)。

丁腈橡胶的耐油、耐燃料的性能显著,实际上是作为耐油橡胶使用。它在汽油等油类、烷、醇、醛、醚中也不会溶胀,但耐酸性差,在氯苯和氯代烷、丙酮等溶剂中易溶胀。

另外，其电绝缘性很差，有时可作为导电橡胶制品；加入乙炔炭黑等填料，可进一步提高导电性。

2. 硅橡胶

硅橡胶是最典型的耐高温和耐低温的橡胶品种，使用温度范围为-90～$+300℃$，还具有耐候性、耐臭氧性、优良的电绝缘性，并且无毒、无味。

3. 氟橡胶

氟橡胶是指主链或侧链的碳原子上含有氟原子的一种合成高分子弹性体。它的抗张强度和硬度都较高，在耐热性能上与硅橡胶相似，其突出特点是高度耐腐蚀，在和强氧化剂作用的稳定性方面，优于其他所有橡胶，耐油、耐高真空性能也很显著，是宇航等尖端科学不可缺少的橡胶材料。

5.3 玻 璃 钢

玻璃纤维增强塑料俗称玻璃钢，玻璃纤维增强塑料已经成为一个独立的材料工业——玻璃钢工业。它是以玻璃纤维及其制品（玻璃布、带、毡等）作增强材料来增强塑料基体的一种复合材料。

由于塑料基体合成树脂的化学结构及加工性能不同，玻璃钢分为热固性玻璃钢和热塑性玻璃钢两大类。玻璃钢中玻璃纤维主要是无碱纤维和中碱纤维，此外还有高强纤维、高模量纤维、高介电纤维等。

玻璃钢自1932年在美国出现后，至今已有近百年的历史。在这段时间里，玻璃钢从原材料、成形工艺、制品种类到性能检验都有较大发展，产品由热固性玻璃钢逐步发展到热塑性玻璃钢。

我国的玻璃钢工业是从1958年开始发展的。目前，玻璃钢工厂和研究机构已遍及全国各地，产品品种数千种，产量几万吨，在国防事业和国民经济建设中，发挥着积极的作用。

5.3.1 玻璃钢的分类

5.3.1.1 玻璃纤维

玻璃钢使用的玻璃纤维，直径一般为 20 μm，其相对密度为 2.4～2.7，有碱纤维的相对密度较无碱纤维小，其外观是光滑的圆柱体，横断面几乎是完整的圆形，这与各种天然纤维和人造纤维有很大不同。

玻璃纤维的化学组成主要是二氧化硅、三氧化硼，它们对玻璃纤维的性质和工艺特点起决定性作用。以二氧化硅为主的称为硅酸盐玻璃，以三氧化硼为主的称为硼酸盐玻璃。加入氧化钠、氧化钾等碱性氧化物能降低玻璃的熔化温度和黏度,使玻璃溶液中的气泡容易排除,成为助熔氧化物。常用玻璃纤维的成分见表 5-2。

表 5-2 常用玻璃纤维的成分

玻璃纤维种类	玻璃纤维各成分的含量/(%)						
	SiO_2	Al_2O_3	CaO	MgO	B_2O_3	Na_2O	K_2O
无碱 1#	54.1	15.0	16.5	4.5	9.0	<0.5	
无碱 2#	54.5	13.8	16.2	4.0	9.0	<2.0	<0.5
中碱 5#	67.5	6.6	9.5	4.2		11.5	14.2
普通有碱玻璃纤维	72	0.6	10	2.5		14.2	

由表 5-2 可知,含碱量是指含 Na_2O+K_2O 的量。一般地,含碱量在 1% 以下称为无碱纤维;含碱量为 2%~6%,称为低碱纤维;含碱量为 10%~16%,称为有碱纤维。

含碱量越小,玻璃纤维强度越高,电绝缘性、耐水、耐碱性越好,但耐酸性降低、价格较贵。

5.3.1.2 不饱和聚酯树脂

不饱和聚酯树脂是指具有线型结构而主链上同时具有重复酯键和不饱和双键的一类有机高分子化合物。不饱和聚酯树脂是制造玻璃钢的一种重要树脂,它占玻璃钢树脂的 80% 以上。其主要有下述优点:

(1)工艺性能好

这是它最突出的优点,它用交联剂苯乙烯稀释后,在室温下就具有适宜的黏度,可以在室温下固化,常压下成形;颜色浅,可以制作浅色或彩色制品。

(2)固化后的树脂综合性能好

聚酯的力学性能虽不及环氧,但比酚醛要好。它的电性能、耐腐蚀、耐老化性能均有可贵之处,并有多种特种树脂,可适应不同用途的需要。

(3)价格低

聚酯树脂的价格比环氧低得多,只比酚醛略高一些。

聚酯树脂的主要缺点是,固化时体积收缩率较大,耐热性较差,成形时气味和毒性较大。不饱和聚酯树脂的品种很多,按性能不同可分为通用型、耐热型、耐腐蚀型和自熄型等,按化学结构不同可分为顺酐型、丙烯酸型、丙烯酸环氧酯型和丙烯酯型等。

5.3.1.3 环氧树脂

环氧树脂是一种较新型的合成树脂,由于它具有各种优良的性能,在玻璃钢制造中已被广泛采用。

环氧树脂是指分子中含有两个或两个以上环氧基团的一类高分子化合物。由于活性环氧基的存在,它可与多种类型的固化剂发生交联反应而形成三维网状结构,成为不溶的体型高分子化合物。

(1)优良的黏结性能

由于环氧分子中具有多种极性基团(羟基、醚基和环氧基),同时环氧基又可与玻璃纤维表面形成化学键,所以环氧树脂对玻璃纤维具有良好的浸润性和黏结性,是其他玻璃钢用热固体树脂所不及的。

(2)固化收缩率低

环氧树脂在固化时没有小分子生成,密度大,所以它在固化过程中收缩率低(小于2%),是常用热固体型树脂(酚醛、环氧、聚酯三大类)中收缩率最小的一种。

(3)良好的耐化学腐蚀性能

在常用热固体树脂中,环氧树脂耐碱腐蚀的能力最强。同时它对酸和有机溶剂的抗蚀能力也是良好的。

(4)较好的耐热性能

环氧树脂的热变形温度比聚酯树脂高,而且通过固化剂的改变还可以大幅度地提高其热变形温度。

(5)固化成形方便

环氧树脂可以在室温、接触压力下固化成形,也可在加热、加压下固化成形。

环氧树脂的主要缺点是:树脂流动性差,使用时需加入稀释剂(醚类、酮类、苯类溶剂等);胶凝时间、固化速度的调节不像聚酯树脂那样方便;价格较高;某些固化剂有毒。

5.3.1.4 酚醛树脂

酚醛树脂是最古老和最便宜的一种树脂。它是由酚与醛按一定比例在酸性或碱性催化剂作用下相互缩合而制成的。它分为热塑性酚醛树脂和热固性酚醛树脂两类。制造玻璃钢一般都采用热固性酚醛树脂,这种树脂在加热条件下即可变成不溶不熔的三维网状结构,而不必添加固化剂。

由于酚醛树脂固化需在加热加压下进行,需要采用特殊设备,在一般加工条件下难以应用,故其配方和固化条件等不再列出。

5.3.2 玻璃钢的性能及特点

玻璃钢集中了玻璃纤维基合成树脂的优点,如质量轻、强度高、耐化学腐蚀、传热慢、电绝缘性能好、透过电磁波、成形工艺和加工比较方便等。

1. 轻质高强

玻璃钢的相对密度在 1.5～2.0 之间,只有普通钢材的 1/4～1/5,比轻金属铝还要轻 1/3 左右,而机械强度却能达到或超过普通钢材的水平,如有些环氧玻璃钢其拉伸、弯曲和压缩强度均能达到 400 MPa 以上。若按此强度计算,玻璃钢的强度不仅大大超过普通碳钢,而且可达到和超过某些特殊合金钢。因此,在航空、火箭、导弹等要求高强度且减轻自重的一些应用中,具有卓越的成效。几种玻璃钢和某些金属的相对密度、拉伸强度和比强度的比较见表 5-3。

表 5-3 几种玻璃钢和某些金属的比重、拉伸强度和比强度

材料名称	相对密度	拉伸强度/ (×0.1 MPa)	比强度 (拉伸强度/相对密度)
高级合金钢	8.0	12 800	1 600
A3 钢	7.85	4 000	500
LY12 铝合金	2.8	4 200	1 600
铸铁	7.4	2 400	320
环氧玻璃钢	1.73	5 000	2 800
聚酯玻璃钢	80	2 900	1 600
酚醛玻璃钢	1.80	2 900	1 600

2. 耐腐蚀性好

玻璃钢一般都具有良好的耐海水、耐一般浓度的酸碱、盐及耐多种油类和有机溶剂的性能,是一种优良的耐腐蚀材料。因此,在石油化工上广泛用玻璃钢制造各种器具,在造船、车辆制造业中用来制造船壳和车身等。其在一定范围内,取代了钢材、木材和有机金属,并具有防腐、防锈和防虫蛀的作用,延长了设备寿命。

3. 绝缘隔热性能良好

玻璃钢是一种优良的电器绝缘材料,在高频作用下仍能保持良好的介电性能。它的微波透过性能良好,这是金属材料所不具备的,目前普遍采用玻璃钢制

造飞机、舰艇和地面雷达站用的雷达罩。

玻璃钢导热系数低,室温下只有金属的1‰～0.1‰,是一种优良的绝缘材料。另外,玻璃钢在超高温下能吸收大量的热,加之优良的绝热作用,在某些特殊情况下,它可以作为一种理想的防护和耐腐蚀材料,有效保护火箭、导弹、宇宙飞船、原子弹袭击下的工事等在2 000 ℃以上承受高速气流的冲刷作用。

4. 工艺性能优良

玻璃钢工艺性能良好,可以从制品的几何形状、尺寸大小、技术要求、用途和数量去选择不同的成形方法。玻璃钢适合整体成形,对于形状复杂、数量少、不易定型的产品效果尤为显著。

玻璃钢的主要有以下缺点:

(1) 弹性模量低

玻璃钢的弹性模量比木材大两倍,但是一般钢材的1/10,因此玻璃钢结构常刚性不足,变性较大。为改善这一弊病,可采用薄壳结构和夹层结构,也可通过使用高模量纤维和空心纤维等解决。

(2) 长期耐温性差

一般玻璃钢都不能在高温下长期使用。如通用性聚酯玻璃钢在50 ℃以上,其机械强度就明显下降;一些耐高温的玻璃钢,如脂环族环氧玻璃钢、聚酰亚胺玻璃钢等,它们的长期工作温度也只有200～300 ℃,较金属的长期使用温度要低。

(3) 老化现象

老化现象是塑料的共同缺陷,纤维增强复合材料(FRP)也不例外,在紫外线、风沙雨雪、化学介质、机械应力等作用下容易导致性能下降。

(4) 剪切强度低

层间剪切强度是靠树脂来承担的,所以很低。可以通过选择工艺、使用偶联剂等方法来提高层间黏结力,最主要的是在产品设计时,尽量避免使层间受剪。

5.4 发泡材料

发泡材料是聚氨酯发泡材料的简称,它是一种可用于伪装覆盖的高分子材料,具有独特的机械物理性能、良好的多光谱伪装性能以及优越的伪装应用性能。聚氨酯是在分子主链上含有—NH—,—COO—基团的高聚物聚氨基甲酸酯的简称。它通常由多元异氰酸酯和多元羟端基化合物通过逐步加成聚合反应而得到的。由于聚氨酯分子中具有强极性的氨基甲酸酯基团,其聚合物具有高强度、耐磨、耐非极性溶剂等特点,并且可以通过改变多羟化合物的结构相对分子质量等,在很大的范围内来调节聚氨酯的性能,使之在交通、建筑、轻工、纺织、机电、航空、医疗卫生等领域得到广泛应用。

聚氨酯发泡材料的原料有聚氯乙烯、二异氰酸酯、聚醚多元醇、水、催化剂、泡沫稳定剂及其他添加剂等。目前,军队主要通过假目标作业车运用聚氨酯发泡材料进行假目标制作。假目标作业车上有 A 料(异氰酸酯)和 B 料(聚醚多元醇)两种,通过加热到一定的温度后,利用空压机的高压气动,将两种原料压至喷枪,在喷枪口部喷出时充分混合,喷涂于目标表面,A 料和 B 料发生化学反应,生成泡沫,依地形快速喷成模型。

5.4.1 聚氨酯发泡材料单体的性能

5.4.1.1 异氰酸酯的化学特性

异氰酸酯是分子中含有异氰酸酯基(—NCO)的化合物,其化学活性主要表现在特性基团—NCO 上。该基团具有重叠双键排列的高度不饱和键结构,能与各种含活泼氢的化合物进行反应,化学性质极其活泼。在该特性基团中,N、C 和 O 三个原子的电负性顺序为 O>N>C。因此,在氮原子和氧原子周围的电子云密度增加,表现出较强的电负性,使它成为亲核中心,很容易与亲电子试剂进行反应。而对于排列在氧、氮原子中间的碳原子来讲,由于两边强的电负性原子的存在,碳原子周围正常的电子云分布偏向氮、氧原子,从而使碳原子呈现出较强的上下电荷,成为易受亲核试剂攻击的亲电中心,即十分容易与含活泼氢原子的化合物,如醇、氨、水等进行亲核反应。

作为异氰酸酯,特性基团—N=C=O 是连接在母体 R 上的。R 母体的电负性将会对—NCO 基团的电子云密度产生较大影响。在聚氨酯工业中主要使用脂肪族和芳香族有机异氰酸酯,前者反应活性较低,就是因为作为烷基的 R 母体为供电子基团,它使—NCO 基团的反应活性下降;芳香族异氰酸酯 R 基的芳环为吸电子基团,从而使—NCO 基团的反应活性更强。异氰酸酯中常见的 R 基的吸电子能力的基本顺序为硝基苯基>苯基>甲苯基>苯亚甲基>烷基。此外,分子间的位阻效应,以及芳环的共轭体系所产生的诱导效应,还有其他取代基的性质等,也会对—NCO 基的反应活性产生影响。

常用的异氰酸酯有甲苯二异氰酸酯(TDI)、4,4-二苯甲烷二异氰酸酯(MDI)和聚次甲基苯基异氰酸酯(PAPI)等。其技术指标见表 5-4。

表 5-4 异氰酸酯的技术指标

名　称	英文缩写	相对分子质量	NCO 含量	黏度/(Pa·s)
甲苯二异氰酸酯	TDI	174	48%	2.44×10^{-3}
4,4-二苯甲烷二异氰酸酯	MDI	255.4	34%	63×10^{-3}
聚次甲基苯基异氰酸酯	PAPI	300~400	29%~32%	240×10^{-3}

5.4.1.2 羟基化合物

一般含二羟基以上的有机物或液态高分子化合物均可作为发泡聚氨酯的材料,但除非在特殊情况下使用乙二醇、丙三醇等化合物,通常只是使用液态聚酯树脂或聚醚树脂。由于相同相对分子质量的聚醚树脂较聚酯树脂黏度低,来源容易,故多采用聚醚树脂。某些聚醚树脂品种及技术指标见表 5-5。

表 5-5 聚醚多元醇品种及规格

品　种	相对分子质量	羟　值	酸　值	含水量/(%)
N-204	400±40	280±20	<0.15	<0.001
N-210	1000±10	100±10	<0.15	<0.001
N-215	1500±100	70±10	<0.15	<0.001
N-220	2000±100	56±4	<0.15	<0.001
N-303	350±50	480±50	<0.15	<0.001
N-330	3000±200	56±4	<0.15	<0.001
N-505	500±600	500±20	<0.15	<0.001
N-604	400	700±20	<0.15	<0.001

注:品种数字中第 1 位表示分子中羟基数目,后面的数乘 100 是相对分子质量。

5.4.1.3 助剂

用于硬泡聚氨酯泡沫塑料的助剂较多,有催化剂、泡沫稳定剂、发泡剂和稀释剂等。

5.4.1.4 催化剂

聚氨酯催化剂主要分为叔胺类和有机锡类两大类。

常用的叔胺类催化剂有三乙醇胺、三乙烯二胺、三乙胺、二甲基乙醇胺和 N-乙基吗啉等。其主要的催化作用是促进交联反应,即异氰酸酯与水之间的反应。

常用的有机锡类催化剂有辛酯亚锡、油酸亚锡、二月桂酸二丁基锡和二辛酸基锡等。其主要的催化作用是促进羟基化合物(如聚醚多元醇、聚酯多元醇)与异氰酸酯的反应,增强生成聚氨基甲酸酯基的能力。

5.4.1.5　泡沫稳定剂

一般常用的是有机硅泡沫稳定剂,它分为硅—氧—碳和硅—碳键型结构。有机硅泡沫稳定剂具有独特的水溶性和良好的表面活性,是聚氨酯泡沫塑料发泡工艺过程中不可缺少的原料之一。它在发泡过程中能降低各原料的表面张力,有利于泡孔均匀,防止泡孔破裂等。它对泡沫体的制造工艺及产品物性影响较大,选用良好的泡沫稳定剂是制备聚氨酯泡沫的关键。

5.4.1.6　发泡剂

发泡剂分为物理发泡剂和化学发泡剂两种。

1)物理发泡剂如一氟三氯甲烷(F11)、三氟三氯甲烷(F113)、二氟二氯甲烷(F10)和二氟甲烷等。它们都是低沸点化合物,吸收化学反应释放的热量汽化后充满泡沫微孔。其发泡过程中不消耗异氰酸酯,有利于降低成本,制品的闭孔率高,强度和韧性好。F12多在二次发泡时使用。

2)化学发泡剂主要是水,利用水和异氰酸酯反应产生CO_2气体发泡。生成的泡沫是开孔的,吸水率高。一般多采用含有少量水和氟利昂两种成分的复合发泡剂,对增加发泡率、提高强度有一定作用。

5.4.1.7　稀释剂

稀释剂主要是惰性(不含活性氢化合物)稀释剂,不参与化学反应,仅调节液体黏度。

5.4.2　聚氨酯发泡材料的性能

(1)机械物理性能

聚氨酯发泡材料不仅具有优良的声学性能、电学性能和耐化学性能,而且具有独特的机械物理性能。聚氨酯发泡材料的密度和泡孔结构,可随着原料和配方的不同而改变,发泡材料的自黏性好,可在任意物体上附着发泡,并且成形前可塑性较强,利用发泡机可随意调节成形表面的厚度及表面的光滑度。

(2)多光谱伪装性能

通过在发泡材料配方中加入光学性能添加剂,可以改变发泡原料原有的颜色和光谱反射特性,在发泡材料中加入颜料既不影响原料的黏度,也不影响成品的物理性能。同时在发泡材料成形前,利用制式的伪装涂料或经过涂料处理的锯末或现地的沙土和植物等撒布在其表面,亦能获得较好的光学伪装效果。

(3) 红外伪装性能

其热红外伪装性能不依赖于降低材料本身的表面发射率,而是在常温下,材料本身的辐射温度与周围背景比较一致。对低密度的开孔结构发泡材料进行不同时间段的热红外性能测试,结果表明,其热红外性能与地表的热特征趋于一致。

(4) 雷达伪装性能

材料具有良好的受控发泡特性和电波透明特性,将其作为吸收基体,以电磁损耗物质为填料,如在材料中加入金属粉末或纤维材料作为介电损耗物质,其吸收效果更为明显。按以上理论形成的样品,经测试表明,在 X 波段平均吸收率为 90%,峰值吸收率达 97.5%,吸收频带达 40%。

5.4.3 聚氨酯发泡材料的特点

1) 作业速度快。A 料和 B 料反应的时间很短,通常为发泡 5 s,成形 2 min。

2) 材料成形后为开孔结构,质量轻,且具有一定的硬度,泡沫的密度不低于 10 kg/m^3,为目标大面积实施伪装覆盖创造了条件。

3) 作业简单,操作方便。A 料和 B 料可在常温常态下现场发泡成形,通过喷涂或浇注方式进行作业。在没有发泡机具的条件下,可用塑料桶将两种原料进行混合、搅拌,然后倾倒于目标表面即可成形。

4) 原料来源丰富,价格低廉,性价比高。

5) 伪装性能好。既能对付敌人的光学侦察,又能对付敌人的红外侦察,经过处理还能对付敌人的雷达侦察。

5.4.4 聚氨酯发泡材料的伪装应用

军事目标(如坦克、火炮、地面油罐及各种仓库等)表现出与周围环境明显不一致的目标外形特征,这些特征是光学仪器、热红外侦察设备和雷达侦察设备用以识别的依据。随着现代科学技术特别是高新技术的发展,军事侦察与监视的能力和水平有了突飞猛进的进步,侦察监视技术和精确制导武器的广泛应用,使得这些军事目标遭受攻击的概率成倍增加。为了适应战争中实施伪装的需要,许多国家在军队中编有专门的伪装部队或分队,大力开展反侦察监视的伪装技术研究和伪装器材试验工作。10 多年来,迷彩等伪装技术方面不断取得新的进展,逐步建立起能够对付现代侦察监视与目标捕获系统的伪装材料与伪装器材装备系列,比如迷彩作业车,能较好地实施伪装工程作业。

目前已研制出的伪装材料,主要是伪装涂料和伪装网等,虽然能起到一定的伪装效果,但是在对防护工程、阵地工程等固定大型目标进行伪装时,成本较高,并且对涂敷工艺的要求较高。聚氨酯发泡材料具有优良的物理机械性能、电学性能和耐化学品性能,使得以聚氨酯为基体、添加不同助剂和填料而得到的防光学侦察、防热红外侦察和防雷达侦察的伪装材料,受到了极大的关注。

硬质聚氨酯发泡材料是将有机异氰酸酯、多元醇化合物和各种助剂按一定比例混合反应而制得的高分子材料。其特征是相对密度小,密度大小及软硬程度均可随原料及配方的不同而改变;耐高温,耐老化,具有较高的比强度;材料施工方便,发泡速度快,可在常温常压下现场发泡成形;发泡器材操作简单,可进行浇注或喷涂施工;对金属、木材、玻璃、砖石等具有很强的黏附性,可在任意物体上进行发泡。正是由于硬质聚氨酯发泡材料有上述理化特性,因此将经过颜色调配的硬质聚氨酯发泡材料喷涂于防护工程或阵地工程等地下工程外部设施的出口、天线堡、山体护坡、电站、洞库洞口等目标,可模拟天然地表状态,达到"隐真示假"的伪装目的。

5.4.4.1 聚氨酯发泡材料防光学侦察的伪装性能

光学伪装是为对付工作频段在 0.38 μm 以下的紫外线、0.38~0.76 μm 的可见光以及 0.76~1.2 μm 的近红外侦察所实施的伪装。伪装的目的不仅应使目标在可见光范围内与背景尽可能一致,而且应具有在近红外波长范围与背景相似的特性。目标所处的背景分为植物背景和非植物背景。非植物背景(如土壤、岩石、混凝土等)的光谱发射特性模拟不存在较大的技术难度。聚氨酯的染色性较好,选用的防光学侦察无机颜料主要有红色颜料、黄色颜料、绿色颜料和黑色颜料。考虑到颜料对硬质聚氨酯泡沫发泡材料性能的影响,红色颜料一般选用氧化铁红和硫化镉(红),黄色颜料选用铁黄和钛黄,绿色颜料选用氧化铬绿、叶绿素和酞青绿,黑色颜料选用钛黑或炭黑。在聚醚组合料中加入5%的无机颜料粉末,就可达到伪装要求,而对黏度影响不大并且在满足机械性能的前提下,还可添加适量的发泡剂来调节黏度,因此加颜料对聚氨酯的喷涂发泡施工的影响不大。选用市售的普通颜料(如二氧化钛、炭黑、氧化铁红等颜料)可构成合适的颜料体系。植物背景包括绿色植物、森林、农田作物等,伪装的关键是模拟绿色植物叶绿素光谱反射特征(见图 5-1,其中曲线 1 为叶绿素标准光谱反射曲线,曲线 2 为绿色硬聚氨酯发泡材料的光谱反射曲线),叶绿素光谱反射特性曲线的特点是在波长 550 nm 附近存在一个小的峰值,所以呈现绿色;在650 nm 附近光谱反射存在一个谷值,是由于叶绿素的吸收所造成的;波长在700 nm 以上的光谱反射系数迅速增大,是因为植物对红光及近红外光的反射都很强。因为伪装目标必须具有与背景同谱同色性,所以在从可见光到近红外波长范围内须使目标与背景具有近似的光谱曲线。

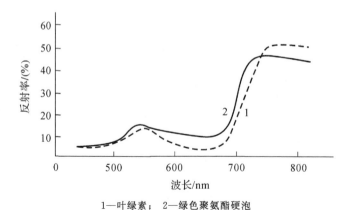

1—叶绿素； 2—绿色聚氨酯硬泡

图 5-1 叶绿素和绿色聚氨酯发泡材料的标准光谱反射曲线

三氧化铬是绿色的,拥有与叶绿素相似的光谱反射特性,在可见光范围内是理想的颜料,但是在近红外区域它的反射率不能急剧升高,单独使用不能满足相关要求。一般采用多种颜料混合,以便取长补短,更好地发挥各种颜料的性能,通过将氧化铬绿与炭黑、铁红、铬黄等颜料添加到聚醚多元醇组料中,研磨混合均匀,再进行发泡,获得绿色硬质聚氨酯发泡材料制品。图 5-1 中曲线 2 是用这种绿色颜料制备的绿色硬质聚氨酯发泡材料制品的光谱反射曲线。由图 5-1 中可以看出,在 400~500 nm 的波段范围内,绿色聚氨酯塑料与实际绿色植物有相似的光谱反射曲线特性,尤其是在 670~750 nm 间的反射率陡然上升,在近红外段的反射达到 50% 以上,并且在绿色检验镜下,呈现出与绿色植物相一致的橙红色,满足了伪装的技术要求。

5.4.4.2 聚氨酯发泡材料防热红外侦察的伪装性能

热红外侦察是通过探测目标自身发出的红外辐射能量来发现、识别目标的。随着光、电技术的飞速发展,未来战场的热红外威胁正在逐步升级,热红外侦察与监视系统、热红外目标捕获与火控系统以及热红外制导与寻的系统的广泛使用,使远红外波段被侦察目标(包括温度接近于背景温度的目标)的热图像更加清晰。目前最先进的热成像仪的热分辨力可以达到 0.1°,空间分辨力可以达到 0.1 mrad。此外,红外辐射时刻存在,热红外侦察器材受天气影响小,既可以在白天工作,又可以在晚上使用,在小雨、小雪和烟雾的条件下能够正常地发挥功效,并且不受火炮、烟尘与闪光的干扰,实现了真正意义上的全天候侦察监视,军事目标同普通地面背景具有明显不同的辐射特性,使得战场上的目标时刻处于热红外侦察监视之中。

热红外伪装是消除、减少、改变或模拟目标和背景之间中远红外波段两个大气窗口(地球大气对电磁波传输不产生强烈吸收和散射衰减作用,透过率较高的一些特定的电磁波段,即 $3\sim5\ \mu m$,$8\sim14\ \mu m$)辐射特性的差别,以对付热红外探测所实施的伪装。

影响物体红外辐射能量的主要因素是物体的表面温度和发射率。因此,实现热红外伪装的技术途径有控制表面发射率和控制表面温度两种。涉及的材料主要有两类:具有不同发射率的材料和大热惯量材料。发射率是指辐射体的辐射功率与同温度的黑体的辐射功率之比。发射率的高低决定了物体的红外辐射特性。

从控制材料发射率的方向解决有以下两种方案:

1)采用可变发射率材料。这类材料随背景温度变化,其发射率发生相应的改变,以保持目标表面的辐射特性与背景的辐射特性相似,起到伪装作用。

2)采用不同发射率的材料,模拟不同背景的辐射特性。低发射率材料的研究是解决热红外伪装的有效途径之一,但存在的问题是其发射率受外界环境的干扰很大。例如,在风沙较大的地区,低发射率材料的伪装效应很难发挥。大热惯量材料的研制弥补了这一缺陷。

物体在获得能量后其温度的变化与自身的热特性有关,即与比热、密度、导热系数的大小有关。考虑比热、密度和导热系数三者的综合作用效果,将它们乘积的平方根定义为热惯量。因此,在同样受热条件下,热惯量大的物体在一天中温度变化的幅度就小。大热惯量材料主要有相变材料和隔热材料两种。相变材料利用当温度达到材料的相变温度时材料发生相变,从而伴随着大量的热消耗,使得体系的温度变化不明显,从而达到伪装效果。隔热材料是利用材料的热容量较大,热导率较低,使得目标的温度特性不易暴露,利用这种材料较容易模拟背景的光谱辐射特性,达到伪装效果。硬质聚氨酯发泡材料就是这类隔热材料。

硬质聚氨酯发泡材料是极理想的隔热材料。某些高温目标,例如坦克、火炮等,由于自身温度比周围背景温度高,从而引起目标与背景之间产生明显的对比度,同时在目标本身的热图中形成很大反差,成为判别目标性质的依据。在这些高温目标表面喷涂一层硬质聚氨酯发泡材料,由于隔热作用,降低了目标与背景之间的温度差,减小了对比度,产生了伪装效果。

美国研制出一种能对付热红外侦察的发泡材料,它是将 $1\sim4\ mm$ 厚的聚氨酯发泡材料喷涂或胶黏到目标的表面,避免热目标直接与空气接触,控制红外辐射能量,从而使目标的表面温度与周围背景趋于一致,使热红外侦察失效。而且隔热效果可随聚氨酯发泡材料的厚度和密度变化而改变,由于可在任意物体上发泡,所以能按目标的形状喷涂于各个部位,根据各部位温度的高低,喷涂不同的厚度。

此外,通过在大面积目标上分别喷涂具有不同导热系数的聚氨酯防热红外侦察材料,能使大面积的热源分割成若干个小热源,或者把分散着的小热源集中成一个大热源,甚至可以使热源的相对位置进行转移,改变热源的分布情况,即使有一定的红外线辐射出去,红外侦察器材也难以分辨出目标的原来形状和准确位置,从而达到遮蔽、伪装的目的。

5.4.4.3 聚氨酯发泡材料防雷达侦察的伪装性能

雷达侦察是利用物体对无线电波的反射特性来发现目标和测定目标状态的,具有探测距离远、测定目标速度快、精度高、能全天候使用等特点,在战场上的应用十分广泛。

防雷达侦察是伪装技术的一个重要方面,在现代战争中起着举足轻重的作用。雷达伪装是隐匿减小、改变或模拟目标和背景之间微波散射特性的差别,以对付雷达探测所实施的伪装。雷达伪装材料主要分为雷达吸波材料和雷达透波材料。将军事目标或其蒙皮用伪装材料制造,照射其上的雷达波就会被吸收或被透过,从而减小雷达回波强度,达到目标伪装的目的。不过在减小雷达散射截面积方面,透波材料所起的伪装作用并不大,主要是使用雷达吸波材料。对雷达波吸收材料的基本要求是:入射雷达波最大限度进入材料内部,即材料要求具有雷达波匹配特性;进入材料内部的电磁波能迅速被材料吸收衰减掉,即材料要具有很高的电磁损耗。

聚氨酯材料具有良好的受控发泡特性,可参阅《雷达透波材料透波率测试方法》(GB 7954—2012)的规定,对 1.5 m×1.5 m,厚度为 10 mm,20 mm,30 mm,40 mm 和 50 mm 的硬质聚氨酯发泡材料平板进行透波测试。在垂直入射的情况下,测得电波频率在 4~8 GHz 范围时硬质聚氨酯发泡材料的透波率结果,见表 5-6。

表 5-6 不同厚度的聚氨酯泡沫平板的透波率

频 率	不同厚度大的透波率/(%)				
	10 mm	20 mm	30 mm	40 mm	50 mm
4 GHz	99.7	99.5	99.4	99.3	99.0
5 GHz	99.6	99.3	99.3	99.0	98.8
6 GHz	99.6	99.1	99.1	98.8	98.7
7 GHz	99.5	98.9	98.9	98.7	98.3
8 GHz	99.5	98.8	98.8	98.5	98.2

由表5-6中可以看出,在电波频率4～8 GHz 范围内,厚度10 mm和50 mm之间的发泡材料的透波率变化不大,并且透波率都在98%以上,说明硬质聚氨酯发泡材料具有很好的透波性能,能适应很宽的频带,是理想的透波材料。以聚氨酯发泡材料作为吸收材料基体,在其中掺入微波吸收材料,能获得较好的雷达波吸收效果。以聚氨酯发泡材料为基体,在其中掺入高磁导率金属粉末材料,并掺入适量金属纤维,一次发泡成形得到的平板型样品,经测试得到的微波吸收曲线如图5-2所示。图5-2的横坐标表示测试频率,纵坐标为反射功率R,负值表示雷达波被材料反射。其值越低,在该频率下材料吸收雷达波的效果越好。通过对数据做相应的计算可知,在雷达的工作频率为8.2～12.4 GHz的X波段,平均吸收值达90%以上,在频率为9.52 GHz处,吸收率高达97.5%以上,在8.2 GHz到12.4 GHz整个X波段雷达波都有吸收,宽度达4.2 GHz。

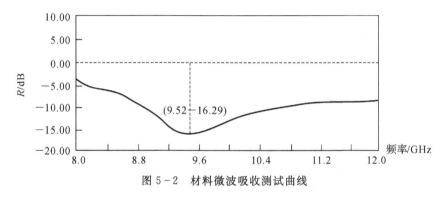

图5-2 材料微波吸收测试曲线

新型的多晶铁纤维吸收剂是一种轻质的磁性雷达吸收剂,这种多晶铁纤维为羰基铁单丝,直径为1～5 μm,长度为50～500 μm,纤维密度低,结构为各向同性或各向异性,通过磁损耗或涡流损耗的双重作用来吸收电磁波能量,可在很宽的频段内实现高吸收率。在聚氨酯材料中添加适量的这种吸收材料,可获得较宽的吸收频带与吸收效果,以达到吸收雷达波的作用。

硬质聚氨酯发泡材料具有优良的物理机械性能和多光谱伪装性能,伪装效果好,性价比较高。施工时,可采用二次喷涂法,形成双层伪装结构,需要时在目标表面先喷涂添加电磁损耗材料的聚氨酯发泡材料,使之具有微波吸收效果,在此层上面再按三色迷彩的图案喷涂经过颜色调配的不同导热系数发泡材料,使其具有防光学侦察的伪装效果和防热红外侦察的伪装效果。也可将掺有微波吸收材料的聚氨酯与经过颜色调配的不同导热系数的聚氨酯发泡材料按四色迷彩的图案进行单层喷涂,根据背景植被情况设置具有近红外效果的颜色斑点。利用喷涂法获得的聚氨酯背景覆盖材料,不需要模具,成形方便,随着研究的深入,通过改变添加剂等手段,可以更好地实现对目标所在背景的模拟。

5.4.4.4 聚氨酯发泡材料在防护工程中的应用

相对于传统伪装器材,聚氨酯发泡材料在防护工程设施的伪装覆盖中具有独特的性能,主要有以下5种。

(1) 伪装造型功能强

经过颜色调配后所形成的发泡体,其颜色、外形及表面组织结构可以做得酷似天然岩石及一般地面。因此,将材料喷涂于坑道口部的水泥护坡、防护门、喇叭形出入口及竖井等工程设施表面,可逼真模拟天然地表状态,快速、方便地恢复山体原貌。

(2) 伪装遮蔽效果好

聚氨酯发泡材料同时具有快速发泡成形功能以及多光谱伪装性能,因此,它具有双重伪装遮蔽效果:其一是材料的表面结构状态与地面有良好匹配;其二是伪装面的光谱特征与现地背景一致。所以,目标一经伪装覆盖,即使抵近观察也难辨真伪。

(3) 伪装设置方便

材料自身具有足够的结构强度及承载能力,对于一定高度的目标,只要进行简单的架空敷设,经发泡材料喷涂后,即可获得稳定的架空结构,并且伪装施工后不影响原有设施的结构性能及使用性能。

(4) 伪装效费比高

利用聚氨酯材料实施伪装覆盖所需费用较低。据计算,每平方米费用不足全波段伪装网的1/10。覆盖施工后的伪装面具有长期伪装效果,不需要进行后期维护和保养。

(5) 简单易操作

可进行现场喷涂或浇注发泡;施工速度快,适合大面积暴露目标的快速伪装;伪装设置形式灵活多样、适应性强等性能特点,均使得聚氨酯材料的伪装效果及应用效益大大提高。

1. 材料的伪装覆盖方法

根据材料的伪装性能特点以及工程伪装的一般要求,在应用聚氨酯材料进行伪装覆盖时,通常采用二次喷涂法,从而形成所谓的双层伪装结构。此外,为了增强伪装效果,在条件允许的情况下可加设伪装装饰层:

(1) 基本结构层

基本结构层是在支撑杆件及织物衬垫上喷涂的一层发泡密度相对较大的普

通聚氨酯材料。对该层的基本要求是,满足架空承载及造型坚固的需要;另外是根据现地背景的表面状态,仿造、模拟地形地貌。此外,在需要反雷达伪装要求的场合,在该层材料中掺入电磁损耗填料,以获得必要的微波吸收效果。

(2) 伪装性能层

伪装性能层是在基本层的基础上,根据伪装要求设置的聚氨酯发泡层。其基本要求是:利用具有近红外性能的颜料调配发泡材料,以模拟现地植被的近红外斑点;采用低密度开孔型发泡材料,在基本层上做不均匀喷涂,使伪装面获得与背景相一致的热红外伪装效果。性能层可分数次喷涂完成,以设置不同颜色斑点及热图斑点。

(3) 伪装装饰层

在条件允许的场合,还可在伪装性能层上作覆土、植草或设置假树、变形伞等进行伪装装饰处理。实践证明,经处理后的伪装面伪装效果更加理想,并且随着植物的生长,将使伪装面与背景的融合程度更加趋于一致。

2. 发泡材料的伪装涂覆运用

防护工程、阵地工程等地下工程设施,尽管其主体深埋地下不易被侦察发现,但工程的一些外部设施,诸如喇叭形出入口、通气竖井、天线堡、山体护坡、电站、接近路等,明显表现出目标的外形特征和配置特征。这些暴露特征不但会被光学侦察所发现和识别,而且也是热成像设备及雷达侦察设备判读目标的依据。因此,应对此类目标的伪装问题给以特别重视。理论研究及实践证明,利用聚氨酯材料对工程设施进行覆盖伪装,是快速、廉价、效果卓越的伪装方法。以下针对坑道口部的结构特点,简要介绍应用聚氨酯材料进行伪装覆盖的具体方法和步骤。

(1) 设置支撑、敷设衬垫

坑道工程口部通常呈喇叭口状,防护门上部的遮雨平台及护坡一般离地面 3~5 m,因此,为了消除喇叭口特征,恢复山体原貌,需要先沿山体架设支撑棚架。支撑的结构强度及支撑架设密度视具体承载要求而定,一般以能够保持轻质织物衬垫的稳定为宜。

(2) 喷涂基本结构层

喷涂基本结构层时应注意把握边缘部分与地貌的匹配,并进行山体和岩石的造型。施工过程中,应注意尽可能使伪装面有较大的起伏变化,以便于进行伪装装饰设置。此外,必要时应设置通风口、活动门,预留接插件装置等。图 5-3 所示为伪装覆盖后的洞口。

(3) 喷涂伪装性能层

利用经过颜色调配的低密度开孔型材料做全面喷涂,喷涂时可根据背景植被情况设置具有近红外效果的颜色斑点,也可做不均匀喷涂以使伪装面获得热伪装迷彩效果。

图 5-3　伪装覆盖后的洞口

(4)设置伪装装饰

应根据现地背景的景观性能,预先做出伪装装饰设计并做好装饰材料的准备。施工时,为了使覆土与性能层相互结合,覆土操作应在性能层泡沫熟化前进行。当然,泡沫熟化后还需要对伪装装饰物进行整理、补充以及做必要的养护。

此外,对于坑道口的防护门、山体劈坡等具有光滑平面的目标,可直接将材料喷涂在目标上,使目标表面状态与背景地貌及色调保持一致;对于独立房、碉堡、通气竖井、天线堡等设施,可参照以上设置方法进行伪装覆盖处理(见图5-4)。喷涂后形成的伪装面可模拟成砖墙、原木板墙、岩石和裸土等各种地貌地物形式。

图 5-4　发泡材料模拟的木板房

5.5 脱 模 剂

脱模剂是一种用在两个彼此易于黏结的物体表面的一个界面涂层,它可使物体表面易于脱离且光滑、洁净。脱模剂用于玻璃纤维增强塑料、金属压铸、聚氨酯泡沫和弹性体、注塑热塑性塑料、真空发泡片材和挤压型材等各种模压操作中。

脱模剂大多数是矿物油或聚硅氧烷(硅油),在模具与工件之间形成一层薄膜,因为脱模剂是张力非常低的惰性物质,既不与模具也不与工件结合,所以工件可以很容易地脱离模具。

5.5.1 脱模剂的分类

脱模剂是一种介于模具和成品之间的功能性物质。其分类方法主要有以下几种:

(1) 按用法分类

按用法分为内脱模剂、外脱模剂。

(2) 按寿命分类

按寿命分为常规脱模剂、半永久脱模剂。

(3) 按形态分类

按形态分为溶剂型脱模剂、水性脱模剂、无溶剂型脱模剂、粉末脱模剂、膏状脱模剂。

(4) 按活性物质分类

1) 硅系列——主要为硅氧烷化合物、硅油、硅树脂甲基支链硅油、甲基硅油、乳化甲基硅油、含氢甲基硅油、硅脂、硅树脂、硅橡胶和硅橡胶甲苯溶液。

2) 蜡系列——植物、动物、合成石蜡,微晶石蜡,聚乙烯蜡等。

3) 氟系列——隔离性能最好,对模具污染小,但成本高,如聚四氟乙烯,氟树脂粉末,氟树脂涂料等。

4) 表面活性剂系列——金属皂(阴离子性)、EO、PO 衍生物(非离子性)。

5) 无机粉末系列——滑石、云母、陶土和白黏土等。

6) 聚醚系列——聚醚和脂油的混合物,耐热化学性好,多用于对硅油有限制的某些橡胶行业,成本较硅油系列高。

以上是一些有代表性的脱模剂,它们具有各自的特征,应根据用途分别选用。例如,用来作为纤维黏着带等的背面处理剂、剥离纸、防黏剂(电线杆、电话箱、招牌、标志),防污染用(内外壁涂饰、车辆、路障、路栏等)防止黏结剂周围的余粘。

5.5.2 脱模剂的性能及特点

5.5.2.1 性能

理论上,脱模剂应当具有较大的抗拉强度,以使它在与模压树脂经常接触时不容易磨光。在树脂中有磨砂矿物填料或玻璃纤维增强料时尤其如此。脱模剂应有耐化学性,以便在与不同树脂的化学成分(特别是苯乙烯和胺类)接触时不溶解。脱模剂还应具有耐热及应力性能,不易分解或磨损;脱模剂应黏结到模具上而不易转移到被加工的制件上,以便不妨碍喷漆或其他二次加工操作。

这是由于极性化学键与模具表面通过相互作用形成具有再生力的吸附型薄膜;聚硅氧烷中的硅氧键可视为弱偶极子(Si+—O—),当脱模剂在模具表面铺展成单取向排列时,分子采取特有的伸展链构型;自由表面被烷基以密集堆积方式覆盖,脱模能力随烷基密度而递增;但当烷基占有较大空间位阻时,伸展构型受到限制,脱模能力又会降低;脱模剂相对分子质量大小和黏度也与脱模能力相关,相对分子质量小时,铺展性好,但耐热能力差。表现为:超精细喷射使整个模得到完全覆盖;提高光洁度,减少喷涂过量的风险;减少因标记及运送时所产生的有关问题,快捷有效;脱模且极具经济效益,只需一次喷涂便可多次脱模;效能高而持久性强的润滑膜,能提供多次脱模,比其他硅酮配方产品性能更优;对环境影响小,不含氯氟化碳(CFCl)推进剂。

5.5.2.2 主要特点

1)脱模性(润滑性)。能形成均匀薄膜,且对于形状复杂的成形物,尺寸精确无误。

2)脱模持续性好。

3)成形物外观表面光滑美观,不因涂刷发黏的脱模剂而招致灰尘的黏着。

4)二次加工性优越。当脱模剂转移到成形物时,对电镀、热压模、印刷、涂饰、黏结等加工物均无不良影响。

5)易涂布性。

6) 耐热性。

7) 耐污染性。

8) 成形好,生产效率高。

9) 稳定性好。与配合剂及材料并用时,其物理、化学性能稳定。

10) 不燃性,低气味,低毒性。

5.5.3 脱模剂的选择

常用的脱模剂有无机物、有机物和高聚物三种。

1) 无机脱模剂,以滑石粉、云母粉以及陶土、白黏土等为主要组分配置的复合物,主要用作橡胶加工中胶片、半成品防黏用隔离剂。

2) 有机脱模剂包括脂肪酸皂(钾皂、钠皂、铵皂、锌皂等)、脂肪酸、石蜡、甘油、凡士林等。

3) 高聚物脱膜剂包括硅油、聚乙二醇、低相对分子质量聚乙烯等,它们的脱模剂效率和热稳定性比有机物脱模剂好得多。

脱模剂通常有粉状、半固体和液体之分。粉状脱模剂和半固体脱模剂可像蜡脂一样用毛刷或手涂于模具表面。液体脱模剂可用喷雾或毛刷等工具涂于模具表面,从而形成隔离膜。液体脱模剂以喷涂为佳。

工业发达国家多采用金属喷雾罐灌装的脱模剂。由于金属喷雾罐密封性能较好,可避免脱模剂氧化或混入杂质,能保证脱模剂出厂时的纯洁性。大型的注塑设备安装在室内,环境温度变化小,对喷雾脱模剂的使用无影响。但对模压成形的模具温度要予以考虑,要选热稳定性能好的脱模剂,一般要求脱模剂的热分解温度要高于成形的模具温度,不然会发生炭化结垢现象。高档制品和需要二次加工(如喷漆和印刷)的制品要选用适合于二次加工的脱模剂。为防止环境污染,要选用不易燃烧、气味和毒性小的脱模剂。在脱模剂选用中,经济性是不可忽视的重要因素。质量差的脱模剂会使产品表面产生龟裂皱纹,影响产品外观和模具使用寿命,并带来环境污染。选择高质量的喷雾脱模剂,价格较高,但综合经济效益高。

综上所述,脱模剂的选择要点如下:

1) 脱模性优良,对于喷雾脱模剂表面张力应在 $17 \sim 23 \text{ N/m}^2$ 之间;

2) 具有耐热性,受热不发生炭化分解;

3) 化学性能稳定,不与成形产品发生化学反应;

4) 不影响塑料的二次加工性能；

5) 不腐蚀模具，不污染制品，气味和毒性小；

6) 外观光滑美观；

7) 易涂布，生产效率高。

第6章 植物伪装材料

植物伪装按其分类主要有植物覆盖、植物遮障、植物变色和植物装饰。植物覆盖、植物遮障和植物装饰主要是利用植物本身进行伪装；植物变色是用割草、熏烧、喷洒外效除莠剂、施加植物生长素等方法改变植物的颜色，它可以增加背景的斑驳程度，以降低目标的显著性。

6.1 除 莠 剂

除莠剂是指可使杂草彻底地或选择性地发生枯死的药剂，又称除草剂，用以消灭或抑制植物生长的一类物质。

喷撒除莠剂能够迅速改变草本植物的颜色。除莠剂能在不同程度上窒息植物叶茎的生长，使植物在较短时间（几天）内改变原来的绿色，并保持较长的时间（几个月）。用外效除莠剂改变草皮的颜色所能保持的时间，取决于除莠剂的用量和草皮覆盖的时间，外效除莠剂的用量越多，变色所保持的时间越长，成龄草保持颜色的时间比嫩草更长。

6.1.1 除莠剂分类

除莠剂按其组成成分可分为硫酸亚铁、硫酸铜、氯化锌和氯化钾4类。其外效除莠剂对草皮的变色性能见表6-1。

表6-1 外效除莠剂对草皮的变色性能

除莠剂名称	植物变成的颜色	变色所需时间/d	喷撒用量和变色保持的时间			
			春季和夏季		秋季	
			剂量 $g \cdot m^{-2}$	保持时间 月	剂量 $g \cdot m^{-2}$	保持时间 月
$FeSO_4$	暗褐	1～2	75～100	0.5～1	40～50	整个秋季
$FeSO_4$ $ZnCl_2$	暗褐	1	50 25	2～3	40 20	
$CuSO_4$	绿褐	1～2	50～60	2～3	30～40	
$ZnCl_2$	草黄	1～2	40～50	2～3	30～40	
KCl	草黄	5～6	10～20	3～4	0～15	

注：1. 外效除莠剂有腐蚀性，不要在金属器皿中调配；
2. 为了使外效除莠剂能均匀地喷洒在草皮上，一般应喷洒两次。

6.1.2 除莠剂的性能及特点

1. 硫酸亚铁

硫酸亚铁含结晶水物,俗称绿矾,分子式为 $FeSO_4$。其熔点为 64℃,无臭,有毒,在 56.6℃ 时变为水合物,在 64.4℃ 变为 1 水合物,在 300℃ 时为无水物,温度继续升高便分解。在潮湿的空气里久放也能潮解,暴露在干燥空气里容易风化,晶体的表面逐渐变为白色粉末,但易被空气氧化呈黄色或铁锈色。

硫酸亚铁容易溶解于水,1 份可溶解于 2 份冷水,或 0.35 份沸水。纯粹的硫酸亚铁晶体或溶液大都呈天蓝色,经氧化后,慢慢变成绿色,最后呈铁锈色。硫酸亚铁可作农药,也可除去树干的青苔及地衣,还可以作为净水剂和消毒剂等。

2. 硫酸铜

硫酸铜含结晶水物俗称蓝矾、胆矾、铜矾、孔雀石,分子式为 $CuSO_4$。它是天蓝色透明的块状晶体,易溶于水及甘油中。无水硫酸铜系白色粉末,相对密度为 2.284,无色。硫酸铜应用很广,加在蓄水池中极微量可阻止藻类生长或致死,与石灰乳的混合液组成波尔多液,能消灭果树上的害虫,作为杀虫剂、杀菌剂和木材防腐剂。硫酸铜能使植物叶片上产生大小不同的焦枯色斑点,或者使叶片变粗糙。含有铜素的水分,进入茎、干、花也会产生相同的后果。

铜的化合物对呼吸道和胃肠道黏膜具有明显的刺激作用,进入血液后能够引起溶血,同时,牙齿、颜面皮肤、眼结膜及头发可被其染成黄绿、暗绿或者绿色,因此在使用时需要特别注意。

硫酸铜容易溶于水,1 份可溶于 3 份冷水,水溶液呈微酸性,无水硫酸铜具有极强的吸水性。

3. 氯化锌

氯化锌分子式为 $ZnCl_2$。氯化锌在水中的溶解度很大,在 10℃ 时,每 100 g 水可溶解 330 g 无水 $ZnCl_2$。把木材用 $ZnCl_2$ 的溶液浸过后,可防止木材腐烂。

氯化锌的固化外形系洁白粉状,属于六方晶体,易潮解,在空气中吸收水分而溶化。液体氯化锌又称锌氯水,呈强酸性,10% 水溶液的 pH 值为 5.2。氯化锌毒性很强,6 g 即可使人致命,沾入眼睛能使黏膜发红,角膜受损,瞳孔扩大,它是锌类化合物中最危险的一种。操作时,应戴安全防护眼镜,防止吸入口中,并不可与皮肤接触,如锌氯水误入口中中毒,可服用碱性碳酸盐、牛乳或蛋白等。

4.氯化钾

氯化钾分子式 KCl,其外形很像食用盐,是无色或白色有光的结晶,无臭味,极咸,相对密度为 1.988,熔点为 772℃。氯化钾能溶于水和碱类,微溶于酒精,但不溶于无水酒精,不溶于浓盐酸、乙醚和丙酮,具有吸湿性,易结块,应防止淋雨溶化流失。

氯化钾不是危险品,在军事上除可使植物变色外还可作为消焰剂,在夜间开炮可以消除炮口发出的火焰。

6.2 植物生长激素

植物生长激素是由具有分裂和增大活性的细胞区产生的调控植物生长方向的激素。其化学本质是吲哚乙酸,主要作用是使植物细胞壁松弛,从而使细胞增长,在许多植物中还能增加 RNA 和蛋白质的合成,调节植物生长,尤其能刺激茎内细胞纵向生长并抑制根内细胞横向生长。它可影响茎的向光性和背地性生长,如萘乙酸、增产灵、2-40、920、702 等可提高植物种植的成活率和生长速度。其中萘乙酸是生长激素中常用的一种,用低浓度的萘乙酸处理树木插条、栽植树苗,可促进生根、发根、发芽、壮苗、根深、叶茂,而且使用后还能增强植物的抗寒、抗旱、抗涝、抗盐碱的能力。

萘乙酸粉在冷水中不溶化,使用前应先配制原液。把称好的萘乙酸粉先放在小碗里加少量水拌成糊,再倒进锅里,加 1 000 倍的水,烧沸 10 min,再把耗去的水补上,即成原液,其性质稳定,可以长期保存,不易失效。

萘乙酸在一般浓度时,对人畜家禽无毒无害,使用安全。

萘乙酸与水的配比见表 6-2,常用浓度配比见表 6-3,萘乙酸的典型使用方法见表 6-4。

表 6-2 萘乙酸与水的配比

萘乙酸粉质量/g	5	10	15	20	25	30
加水量/kg	5	10	15	20	25	30

表 6-3 萘乙酸常用浓度配制比例

浓度/($\times 10^{-6}$)	5	10	15	20	25	30	40	50	60	80	100
取原液量/g	1	1	1	1	1	1	1	1	1	1	1
加水量/kg	199	99	66	49	39	33	24	19	16	12	9

表6-4　萘乙酸的典型使用方法

作物名称	处理时机与方法	浓度/($\times 10^{-6}$)	用药目的及效果	注意事项
树木插条	浸泡插条基部2～3 cm,12～36 h	10～100	促使插条生长,提高成活率	易生根者使用低浓度,生根特别困难的可用更高的浓度
树苗移栽	沾浆法,配好的药水加黏土搅成糊状用来沾根	500	促进幼苗生长,提高成活率	
移植成年树木	喷浇溶液	500		以后1～2年内,在5月、6月、7月间,每月用溶液追施3～4次,8月、9月间浇1～2次

第7章 音响伪装材料

"吸声""隔声""减振"之间存在概念的差异,但使用起来又有不可分割的紧密关系,因此常常被混淆。玻璃棉、岩矿棉一类具有良好吸声性能但隔声性能很差的材料被误称为"隔声材料";早年一些以植物纤维为原料制成的吸声板被命名为"隔声板",并用以解决建筑物的隔声问题;同时其中的减振问题又常常被忽略。材料的吸声、隔声、减振区别在于:材料吸声着眼于声源一侧反射声能的大小,目标是反射声能要小,吸声材料对入射声能的衰减吸收一般只有十分之几,因此其吸声能力(即吸声系数)可以用小数表示;材料隔声着眼于入射声源另一侧的透射声能的大小,目标是透射声能要小,隔声材料可使透射声能衰减到入射声能的 $10^{-3} \sim 10^{-4}$ 或更小,为方便表达,其隔声量用 dB 计量方法表示;而减振既独立于吸声、隔声以外,又与其密不可分,减振材料的使用,大大增加了吸声、隔声材料的作用。

这三种材料在材质上有以下差异:

1) 吸声材料对入射声能的反射很小,这意味着声能容易进入和透过这种材料。这种材料的材质应该是多孔、疏松和透气,这就是典型的多孔性吸声材料,在工艺上通常是用纤维状、颗粒状或发泡材料形成多孔性结构,其结构特征是:材料中具有大量的、互相贯通的、从表到里的微孔,也即具有一定的透气性。当声波入射到多孔材料表面时,引起微孔中的空气振动,由于摩擦阻力和空气的黏滞阻力以及热传导作用,将相当一部分声能转化为热能,从而起吸声作用。

2) 隔声材料应减弱透射声能,阻挡声音的传播,就不能如同吸声材料那样多孔、疏松、透气,相反它的材质应该是重而密实,如钢板、铅板、砖墙等一类材料。隔声材料材质的要求是密实无孔隙或缝隙,有较大的质量。由于这类隔声材料密实,难以吸收和透过声能而是反射能力强,所以它的吸声性能差。

3) 减振材料的出现则是大大减少了空间音能产生震动、噪声所进行的时间,它以减振器和减振吊钩为代表。

在工程上,吸声处理、隔声处理和减振处理所解决的目标和侧重点不同,吸声处理所解决的目标是减弱声音在室内的反复反射,也即减弱室内的混响声,缩短混响声的延续时间(即混响时间);在连续噪声的情况下,这种减弱表现为室内噪声级的降低,这是对声源与吸声材料同处一个建筑空间而言的。而对相邻房间传过来的声音,吸声材料也起吸收作用,从而相当于提高围护结构的隔声量。减振材料则是起到了不可或缺的辅助作用,隔声处理则着眼于隔绝噪声声源的传播,提高音响伪装效果。

吸声材料的主要作用是缩短、调整室内混响时间的能力,这是任何别的材料代替不了的。由于房间的体积与混响时间呈正比关系,体积大的建筑空间混响时间长,从而影响了室内的听闻条件,此时往往离不开吸声材料对混响时间的调节。吸声和隔声有着本质上的区别,但在具体的工程应用中,它们却常常结合在一起,并发挥了综合的降噪作用。吸声材料如单独使用,可以吸收和降低声源所在房间的噪声,但不能有效地隔绝来自外界的噪声。当吸声材料和隔声材料组合使用,或者将吸声材料作为隔声构造的一部分,其有利的结果,一般都表现为隔声结构和隔声量的提高。

7.1 隔声材料

7.1.1 定义

隔声是指通过某种物品把声音或噪声隔绝、隔断、分离等,因此就需要隔声材料。材料一侧的入射声能与另一侧的透射声能相关的 dB 数就是该材料的隔声量,通常以符号 $R(dB)$ 表示。

隔声材料或构件,会因使用场合不同、测试方法不同而得出不同的隔声效果。对于隔声材料,要减弱透射声能,阻挡声音的传播,就不能如同吸声材料那样多孔、疏松、透气,相反它的材质应该是重而密实的(见图7-1)。

图7-1 隔声材料

对隔声材料材质的要求是密实无孔隙或缝隙,有较大的质量。由于这类隔声材料密实,难以吸收和透过声能而反射能强,所以它的吸声性能差。隔声材料可使透射声能衰减到入射声能的 $10^{-3} \sim 10^{-4}$ dB 或更小,为方便表达,其隔声量用 dB 计量方法表示。

7.1.2 常用隔声材料

隔声降噪材料应该尽可能满足材料轻、强度好、防潮防水、耐腐防蛀、环保、不易燃烧、施工方便等性能要求。另外,还要求其在宽频带范围内隔声性能和吸声性能好,隔声吸声性能长期稳定可靠等。隔声材料在车辆上最佳应用部位是在车身钣金缝隙孔洞处、车地板及挡火墙,由于发动机噪声在挡火墙及车地板表现出的为低频噪声,能量大、穿透性强,且没有方向性,多孔、疏松、透气的吸声材料根本无法吸收或阻隔低频噪声向驾驶室的传播,因此,在汽车上必须用高效实用的密实材料,使用铅、铝金属与声学泡绵复合材料抗低频噪声的效果较好,以 PU 和金属化涤纶板复合而成的材料具有较好的衰减作用,金属化涤纶板还能阻隔来自发动机的 97% 的热量。

7.1.3 新型隔声材料

7.1.3.1 微孔隔声布

微孔隔声布的厚度为 $18 \sim 100$ cm,每平方米上带有 25 000 个微孔,而微孔的总面积在隔声布总面积上不到 0.8%。它的微孔结构经过特别优化,以满足室内声学的特殊要求。这种隔声布与 Barrisol 公司生产的其他隔声布一样,为 M1 级不燃材料。它可以拉紧固定在铝制型材上,铝型材的布置高度可以根据室内的声学要求预确定,从而使隔声布的声学效果依据每个房间的具体需要而确定,这是这种新的隔声材料的基本优点。它可以根据室内布置的需要设置,不受面积、形状、地形、场所的限制。

7.1.3.2 竹纤维及其混纺纤维

将竹纤维、香蕉纤维和黄麻纤维混合后与聚丙烯短纤按 50∶50 的比例混纺并采用针刺法制备的非织造布,其声学性能可得到有效提高。与其他材料相比,具有紧密结构的竹纤维和聚丙烯非织造布具有良好的拉伸强度、刚度和降噪系数,较低的伸长率、导热系数和透气率。采用该纤维制备的非织造布可用于汽车内部的噪声控制。频率为 800 Hz 时,竹纤维/聚丙烯纤维与黄麻纤维/聚丙烯产品的降噪率可达目标值,但仍比香蕉纤维/聚丙烯产品的降噪率低 20%。当提高频率(1 600 Hz)时,仅增加产品厚度,其降噪率难以提高,甚至会下降。

7.1.3.3 木棉纤维

木棉是一种可用于声学材料的天然纤维。木棉纤维是一种中空纤维,中空度达80%~90%。学者们从木棉纤维的含量、体积密度和非织造结构厚度等方面,对低频率下木棉纤维的吸声性能进行了研究。结果表明,增加木棉纤维的含量或非织造布的厚度时,产品的吸声性能得以提高。对产品的吸声性能而言,非织造布存在最佳的体积比密度。非织造产品的吸声性能随其密度的增加而提高,但超过最优密度值后其吸声效果下降。与聚丙烯纤维相比,低频率下的木棉纤维织物具有良好的吸声性能。低频率范围内,同5 mm厚的聚酯织物相比,5 mm厚的木棉织物具有更好的吸声效果。木棉纤维属一种天然、可再生且环境友好型材料。低频率下,木棉纤维在吸声性能方面优于其他常用纤维。

7.2 吸声材料

吸声材料大多为疏松多孔的材料,如矿渣棉、毯子等。其吸声机理是,声波深入材料的孔隙,且孔隙多为内部互相贯通的开口孔,受到空气分子摩擦和黏滞阻力,以及使细小纤维作机械振动,从而使声能转变为热能。这类多孔性吸声材料的吸声系数,一般从低频到高频逐渐增大,故对高频和中频的声音吸收效果较好。

7.2.1 定义

任何材料都能吸收声音,只是吸收程度有很大的不同。通常是将对6个频率的平均吸声系数大于0.2的材料,称为吸声材料。

当声音传入构件材料表面时,声能一部分被反射,一部分穿透材料,还有一部由于构件材料的振动或声音在其中传播时与周围介质摩擦,由声能转化成热能,声能被损耗,即通常所说的声音被材料吸收。材料的吸声性能除与材料本身结构、厚度及材料的表面特征有关外,还和声音的入射方向和频率有关。

根据材料的结构不同,吸声材料可分为多孔、共振、特殊结构等3类。目前多孔吸声材料应用最为广泛,主要包括有机纤维、无机纤维、无机泡沫及泡沫塑料等4类。

7.2.2 常用吸声材料

7.2.2.1 有机纤维吸声材料

早期的有机纤维吸声材料主要是指天然植物纤维,其在中、高频范围吸声性能良好,但防火、防腐、防潮等性能较差。随着合成工业的飞速发展,研究人员对合成纤维进行了深入的研究。

7.2.2.2　无机纤维吸声材料

无机纤维吸声材料主要是指天然的或人造的、以无机矿物为基本成分的一类纤维材料,这类材料不仅吸声性能良好,而且质轻、不燃,但安装不便,对环境有污染,会影响人们的健康。随后,具有阻燃、耐高温和高强等特点的金属纤维吸声材料问世,其吸声性能优异,但造价较高,工艺复杂。

7.2.2.3　无机泡沫吸声材料

目前,科研人员的研究主要集中在泡沫玻璃和泡沫金属上。泡沫玻璃质轻、不腐、不燃、无气味、施工方便,孔隙率可达85%以上,但工艺不好控制,成本较高。泡沫金属是一种新型多孔材料,主要研究泡沫铝及其合金。经过发泡处理使其内部形成大量气泡,分布在连续的金属相中构成孔隙结构。

7.2.2.4　泡沫塑料吸声材料

泡沫塑料吸声材料主要是指以各种树脂为基料,加入少许的发泡剂、催化剂、稳定剂等辅助材料,经加热发泡制成的一种轻质、吸声、隔热、阻燃、耐腐蚀、防震材料,目前应用较广的是聚氨酯泡沫吸声材料,但其强度低,使用不便。

第8章 工程伪装新材料

现代高科技侦察技术的空前发展,使信息化战场从未像今天这样的"透明"。那么如何使目标在"透明"的战场上能够"无形"地生存,当今世界各军事强国都在积极探索和发展高新伪装技术。近年来,一些伪装新技术、新材料有了较大的突破,本章重点介绍几种已经得到成熟运用的伪装新技术。

8.1 智能变色材料

智能变色材料是一种具有"变色龙"特性的材料系统,在坦克、装甲车、飞机等武器装备上涂覆或掺杂智能变色材料,其表面会在光、电、热等刺激下变色和改变亮度,使目标融入背景中,提高装备的伪装和机动性能。目前,正在研制的智能变色材料有光致变色材料、热致变色材料和电致变色材料。按照材料的类型,智能变色材料可分为无机变色材料和有机变色材料。按材料受到的刺激方式来分,智能变色材料主要有4类:光致变色、热致变色、电致变色和其他变色等4种,它们都有各自的应用价值。

8.1.1 光致变色材料

对于飞机、军舰、坦克、装甲车等,用涂敷或掺杂光致变色材料的方法,使其表面具有光致变色功能。在光照下变色,与环境匹配,达到被掩护的目的。美国National Cach Register公司对如何使装备、人员与环境颜色相匹配而达到伪装的目的进行了大量研究,其将光致变色材料涂在各种军械上作为伪装。目前,光致变色伪装已成为视觉伪装的主要途径。

光致变色纤维是指在太阳光或紫外线的照射下颜色会发生可逆变化的纤维。早在1970年的越南战争中,光致变色化合物就被美国军方应用于衣料,以达到军事伪装的目的。美国Solar Active国际公司生产的纱线在紫外线照射下有橙、紫、蓝、洋红、黄、红和绿等多种颜色。近年来,美国Clemson大学和Georgia理工学院等正在探索在光纤中掺入变色染料和改变光纤的表面涂层材料,使纤维的颜色能够实现自动控制。美国军方研究人员认为,采用光导纤维与变色染料相结合,可以最终实现服装颜色的自动变化。

8.1.2 热致变色材料

热致变色材料是指在一定温度范围内其颜色随温度的改变而发生明显变化的功能材料。热致变色现象是由于变色材料的光谱性质发生可逆性变化,严格地说只局限于可见光范围内的变化。热致变色的变色机理有 2 种:由于受热后发生物理变化(如晶型转变、晶格膨胀与收缩、结晶水的失去与吸湿)而变色,如可逆性变色材料;由于受热后发生化学变化(分解、化合)而变色,如不可逆性变色材料。就可逆性变色材料的研究而言,已经有许多专利技术问世,其中日本尤为突出。目前,热变色材料的发展趋向于低温和可逆两个方面,其中有机类可逆热变色材料由于其变色敏锐、色彩丰富等优点十分引人注目,其应用从简单的示温作用拓展到工业、防伪和日用装饰等各个领域。

8.1.3 电致变色材料

电致变色是指材料的光学性能在外加电场作用下产生稳定、可逆的颜色变化的现象,在外观性能上则表现为颜色及透明度的可逆变化。有机电致变色的变色机理主要取决于材料的化学组成、能带结构和氧化还原特性,通过离子、电子的掺杂和脱掺杂,调制薄膜在可见光区的吸收特性或改变薄膜中载流子浓度和等离子振荡频率,实现对红外反射特性的调制。这些膜的变色是可逆的,在不变色的状态下应是透明的。当有电流通过时,电致变色膜产生颜色,变色的深度可由通过的电流大小来控制,而且在切断电流后仍保持原来的颜色不变。要想使之褪色,只要加上反向电流即可。因此,在显示器件、汽车、军事伪装、智能材料、节能建筑材料等领域具有广阔的应用前景。

美国康涅狄格大学的化学家戈列格·索特琴发明了一种由电致变色聚合物纺成的丝线,用这种丝线做成的衣服能够在电场作用下随意改变颜色。当电压发生改变时,丝线中的电子能量也随之会发生变化,因而导致电子所吸收的光线的波长也有所不同,所以衣服的颜色就会改变。目前,戈列格·索特琴已经能完美地将这种丝线的颜色由橙黄色改变为天蓝色、由红色变化为天蓝色。

我国复旦大学彭慧胜教授领衔的课题组,首次将环境敏感的高分子材料聚二炔与碳纳米管合成复合纤维,发展了具有电致变色的新型智能材料,该复合纤维通过电流刺激能迅速改变或还原颜色。

8.1.4 其他变色材料

除了上述 3 种变色材料外,还有压敏变色材料、溶剂致变色材料等。压敏变色材料可以在受到压力或压力变化时改变自身的颜色,这种性质是受压变色材料发生相变产生的。例如,在负重吊索外涂覆一层受压变色涂层后,当吊索的载重达到或超过警戒质量时,吊索出现颜色变化警告使用者以避免危险事故。溶剂致变色是物质与特定的溶剂接触后发生颜色改变的现象。许多物质在不同的溶剂作用下会产生不同的颜色。有机类溶剂种类庞杂,一般以杂多环化合物为主。有机溶剂致变色材料的变色机理是溶剂极化作用等。

8.2 自适应伪装材料

国外的发达国家很早就致力于研究自适应伪装技术。在20世纪40年代早期,出现了一个被称作"指向标触发发射机项目"的自适应伪装的例子。在飞机的两翼装饰了许多灯,当飞机快要接近背景表面时装饰的灯能够主动打开,使飞机较好地融合到天空背景中。这种特性也使得飞机能够接近水面的核潜艇而不被它们发现。当然,对飞机实施单一的颜色方面的伪装还是远远不够的,因为随着飞机飞行的高度越来越低,即使一个色度很浅的颜色在明亮的天空背景下也会被烘衬得很暗。

20世纪60年代初期,美国提出了"变色龙"的科研项目。肖温格特申请了一个美国的国家专利,即有关光电子控制的伪装遮蔽系统。这个系统通过在观察者和被隐藏的物体后放置一个薄薄的显示屏而达到遮蔽物体的效果。肖温格特将他的公司称为"变色龙项目",这个项目考虑应用到所有固定和移动的装甲车辆和士兵。英国的国防研究局正在致力于研究一种被称为"坚固的智能蒙皮"的自适应伪装系统。加拿大和德国的军事研究者也正在研发一种变色龙式的装甲车,这种装甲车能够通过改变颜色来隐藏自己而不被敌人发现。

美国国家航空航天局喷气推进实验室提议研究一个轻量级的光电子系统,这个系统使用图像传感器和显示屏,能够显示被伪装物体后面的背景景象区域。这种显示屏被规定尺寸和形状以至于它们能够遮盖许多物体。一个典型图像传感器的尺寸一般不会超过 16 cm³。这样的系统能够完全地伪装一个长10 m、高3 m、宽5 m、质量不超过 45 kg 的物体,如果被遮蔽的物体是一台装甲车,在车的电子系统提供能量的条件下,自适应伪装系统将会潜在地发生作用。图8-1所示为使用遮蔽系统和未使用遮蔽系统的坦克部分结构所产生的效果图。

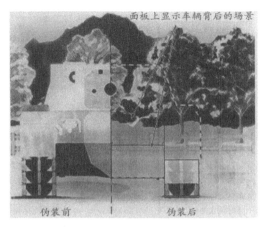

图 8-1 自适应伪装系统模拟伪装装甲车辆效果图

8.2.1 概念

自适应伪装技术是通过多种技术手段,实现战场背景的光电特性变化时,经过伪装的目标能自主响应并智能控制调节自身的光电特性,达到与背景(环境)的光电特征高度融合、匹配,是一种多学科交叉融合的智能伪装技术。随着侦察与监视技术的飞速发展,自适应伪装成为伪装的最新模式和必然趋势,是目标实现伪装的最高境界。

与传统伪装技术相比,自适应伪装具备以下显著特点:①具有战场威胁感知能力;②具有环境感知能力,能准确获取背景和目标特征信息;③快速转换,实时与背景融合。

8.2.2 自适应伪装材料的分类

根据目标的可探测特征所处的频段不同,当前研究的自适应伪装材料可分为可见光伪装材料、红外伪装材料和雷达伪装材料等三大类。由于各种材料的工作原理不同,每大类材料又包含多种功能材料,见表 8-1。

表 8-1 自适应伪装材料的分类

技术分类	可见光自适应伪装	红外自适应伪装	雷达自适应伪装
材料的主要种类	光致变色材料 光致亮度调节材料 电致变色材料 热致变色材料	相变控温材料 电致变温材料 电致变发射率材料 超吸水调温材料	电致变电磁参数聚合物 雷达自适应吸收体

可见光自适应伪装材料(即智能变色材料)已在 8.1 节做了介绍,不再赘述。

8.2.3 红外自适应伪装材料

随着现代军用探测技术的发展,特别是红外前视系统、红外传感系统、被动式红外热成像仪的相继使用,红外伪装变得越来越困难,各种军事目标的生存和安全受到威胁。因此,发展新型的红外伪装技术和材料就成为当务之急。

8.2.3.1 相变控温材料

物质的相变大多伴随着热量的变化,相变控温材料是一类相变温度在伪装需求的控温范围之内,并且相变热比较大的材料。当目标温度高于背景温度时,材料吸热由固相变成液相,或从一种晶相变成另一种晶相,降低目标表面温度;当目标温度低于背景温度时,材料放热,由液相变成固相,或返回到原来的晶相,目标表面温度升高。利用这种材料在相变过程中的吸热和放热,调节目标的表面温度,使目标与背景的表面温度尽可能地一致;也可以利用相变控温材料对目标表面进行红外迷彩设计,在一定程度上能够达到红外自适应伪装的目的。但是对于薄膜层材料,在有持续热量供给的条件下,伪装效果有限。

8.2.3.2 电致变温材料

电致变温材料亦称热电转换材料,在红外伪装方面主要是利用热电材料的 Peltier 效应,对高温目标制冷。

用热电材料制造的热电转换装置不使用制冷剂,无机械传动部分,故具有无泄漏、无污染、无噪声、寿命长、可微型化等突出优点,但是它的缺点也很明显,就是制冷效率低。对于半导体制冷,影响热电制冷效率的主要因素是材料的电导率和热导率。提高材料的热导率成为目前人们关注的焦点,其有效途径之一就是增加声子的散射机制。目前研究的材料主要有 Bi - Sb - Te - Se 体系材料、Skutterudites 结构型材料、Clathrates 结构型材料、Half - Heusler 结构型合金、Pentatellurides 结构材料、无公度准晶体材料、薄膜及纳米结构材料等。

1995 年 Chandrasekhar 对导电高分子电致变色材料的红外发射性能进行研究,发现其在中远红外宽频范围(0.4~45 μm)具有可控的红外发射率变化(0.3~0.7),以适应背景的红外发射率,实现红外伪装。

2002 年,美国豪科莫尔公司研制的第二代变色龙服装 MKII 由 "Intrigue" 材料经激光缝合而成,与第一代 "ghillie" 相比,质量更轻,穿脱迅速,能反射红外线,对周围环境的适应时间大大缩短,已由北约潜在客户进行实验。

美国陆军应用导电高分子电致变色材料(PEDT/PPS)制作士兵服装或武器

装备的表面涂层,利用该材料在夜间或白天的红外发射率不同达到红外伪装的目的。

北京理工大学的张升康等设计了一种红外自适应伪装材料系统,这种系统由红外传感器、电致变温材料和微处理器组成,实现了目标热像随背景自适应变化的功能。

此外,还有一系列其他自适应伪装新材料。例如,电致变发射率材料,通过调节电压等参数的大小,控制涂层的红外发射率,可使目标在红外热图中形成与所处背景类似的斑驳图案;超吸水调温材料,涂层中掺杂的"超吸水材料"不断吸收空气中的水分,然后在阳光下"缓慢蒸发",降低伪装目标的表面温度,使其与背景的温度匹配,利用水的大比热容来实现自适应伪装。

8.2.4 雷达自适应伪装材料

当前,各种雷达设备仍是探测航空目标的主要手段,因此,雷达伪装仍然是伪装技术中的一个重要课题,其中雷达自适应伪装是其发展的一个重要方向。

8.2.4.1 电致变电磁参数聚合物

通过施加电压,对某些导电聚合物的电磁参数进行调节,以便满足雷达自适应伪装的需要。例如,英国一所大学研制了主要成分为 $PANi·HBF_4$,PEO(Poly Ethylene Oxide),12%(质量分数)银和12%(质量分数)$AgBF_4$ 的导电聚合物,在外加电压条件下,它的电磁参数可以调节,其原理是发生如下反应:

$$PANi·HBF_4 + Ag \rightarrow PANi·H^0 + AgBF_4$$

8.2.4.2 雷达自适应吸收体

这是专门针对雷达波的自适应伪装材料,能对雷达波的反射进行动态控制。例如,日本将导电玻璃纤维用于高频高效吸波涂料,它具有由电阻抗交换层和低阻抗谐振层组成的两层结构,其中谐振层是由铁氧体、导电短纤维与树脂组成的复合材料,该纤维可吸收 1～20 GHz 的雷达波,吸收带宽达 50%,吸收率达 20 dB 以上。英国 Tennat 和 Chambers 研究了用 PIN 二极管控制主动的 FSS(频率选择表面),实现了自适应的雷达吸波结构,能对 9～13 GHz 频段的反射率进行有效的动态控制。

8.2.5 自适应伪装材料的发展

随着信息技术的迅速发展,侦察和制导技术日臻完善,在给传统的伪装技术带来严重挑战的同时,也给自适应伪装技术的发展带来了前所未有的机遇。因此,自适应伪装材料必然是未来伪装技术领域重点关注并且必须有重大突破的研究方向。

1. 发展新材料体系

从当前的研究状况来看,材料仍是制约自适应伪装的主要因素,主要表现在材料的种类不多、可控性不足、灵敏度不够好。相比较而言,针对可见光伪装的有机材料较为齐全,但是要完全满足可见光伪装需要还有很大差距,如叶绿素光谱特征的模拟等。因此,针对各种频段的伪装需要,开发诸如纳米材料、超频材料等新材料体系可能是未来材料技术方面获得突破的关键所在。

2. 材料的控制技术

自适应伪装技术的本质在于自动控制目标的可探测特征,实现途径就是对材料的特征进行控制的技术。从信息控制技术本身来看,信号的采集、处理与控制都比较成熟,但是如何对材料的参数进行设定以及材料与控制系统的衔接将是这方面的重点。

3. 探索主动传感新技术

主动传感技术是自适应伪装技术的一个重要方面,是目标主动获取背景信息并实施自适应功能的前提条件。这就要求一些传感器件必须具有十分灵敏的感应功能,而且对目标与背景的诸多信息能够进行感应。因此,今后必然要大力发展诸如分布式传感器和多传感器等能满足特殊伪装需求的新传感器。

8.3 相变蓄能材料

在过去的数年里,相变材料作为蓄热材料在各个领域已广泛应用。相变材料在纺织上的应用则始于20世纪80年代初,当时,人们试图做成"冷时能保温、热时能散热"的所谓"空调服",现在终于找到了这种材料——相变材料,并用在运动服、手套、鞋袜、夹克、背心等服饰方面,而且正在延伸到医疗卫生、保健、汽车、军用等领域。

8.3.1 相变蓄能材料的概念

相变蓄能材料是指在一定狭窄明确的温度范围(即通常所说的相变范围内,如从固态转变为液态或从液态变为固态),随温度变化而改变形态并能提供潜热的物质。材料由固态向液态或由液态向固态转变时发生热能转变,称为相变。传统固态或液态蓄能材料随着吸热而温度上升,但相变蓄能材料在相变过程中,体积变化很小,热焓高,因此以潜热形式从周围环境吸收或释放大量热量,热的吸收量或释放量比一般加热和冷却过程要大得多;而相变蓄能材料在吸收热量和释放热量时温度保持恒定,因此它是一种利用相变潜热来贮能和放能的化学材料。

常见的相变蓄能材料是水,当温度低于 0 ℃时水由液态变为固态(结冰),当温度高于 0 ℃时水由固态变为液态(溶解)。在结冰过程中吸入并储存了大量的冷能量,而在溶解过程中吸收大量的热能量。冰的数量(体积)越大,溶解过程需要的时间越长。这是相变蓄能材料的一个最典型的例子。从以上的例子可看出,相变蓄能材料实际上可作为能量存储器,这种特性在节能、温度控制等领域有着极大的意义。

8.3.2 相变蓄能材料的分类

相变蓄能材料并不是科学家发明的一种新型材料,而是以各种形式存在于自然界中。迄今为止,已有超过 500 种的天然和合成相变蓄能材料被人们掌握和了解。

相变蓄能材料按化学成分可分为无机相变蓄能材料、有机相变蓄能材料和复合相变蓄能材料。

8.3.2.1 无机相变蓄能材料

无机类相变蓄能材料主要有结晶水合盐类、熔融盐类等,其中最典型的是结晶水合盐类,它们有较大的熔解热和固定的熔点(实际上是脱出结晶水的温度变化:脱出的结晶水使盐溶解而吸热,降温使其发生逆过程,吸收结晶水而放热)。通常是中、低温相变蓄能材料。具有代表性的无机相变蓄能材料有 $Na_2SO_4 \cdot 10H_2O$,$MgCl_2 \cdot 6H_2O$ 等水合盐类。无机类相变蓄能材料通常具有使用范围广、导热系数大(与有机类相变蓄能材料相比)、熔解热较高、密度大(单位体积的储热密度大)、熔点固定、导热系数高、相变时体积变化小、一般呈中性、价格较低等优点。但一般盐型的无机类相变蓄能材料循环使用时易发生"过冷"和"相分离"现象。

8.3.2.2 有机相变蓄能材料

有机类相变蓄能材料是利用晶体之间的转变来吸热或放热,典型的有石蜡、酯酸类和高分子化合物。有机类相变蓄能材料在固体状态时成形性较好,不易发生"过冷"及"相分离"现象,具有腐蚀性较小、性能稳定、固体成形好、价格低等优点,但存在着导热系数低、材料密度小、易挥发、损耗大、单位体积储热能力差、熔点较低、存在可燃性等缺陷,从而不适于高温场合,会降低储热系统效能及限制其应用。

8.3.2.3 复合相变蓄能材料

为弥补无机或有机类相变蓄能材料单独使用的缺点,达到最佳的应用效果,可制成有机相变蓄能材料或无机复合相变蓄能材料进行使用。复合相变蓄能材料主要指性质相似的二元或多元化合物的一般混合体系或低共熔体系,形状稳定的固-液相变蓄能材料、无机-有机复合相变蓄能材料等。复合相变蓄能材料一般分为两种:一种利用无机物作为网络状基质以维持材料的形状、力学性能,而有机物作为相变材料嵌在无机网格结构里面,这样通过有机物的相变来吸收和释放能量;另一种是纤维复合蓄能材料,它是将导热纤维制成蓬松团置入金属容器或模腔中,并加入相变蓄能材料。复合相变蓄能材料既能有效克服单一的无机物或有机物相变蓄能材料存在的缺点,又可以改善相变蓄能材料的应用效果以及拓展其应用范围。但是复合相变蓄能材料也可能会带来相变潜热下降,或在长期的相变过程中容易变性等缺点。

此外,还有一些其他分类方法。按相变温度的范围,将相变蓄能材料分为两类高温相变蓄能材料、中温相变蓄能材料和低温相变蓄能材料等三类;按相变蓄能材料的组成成分将相变蓄能材料分为有机类相变蓄能材料和无机类相变蓄能材料;按相变的方式,将相变蓄能材料分为固-固相变蓄能材料、固-液相变蓄能材料、固-气相变蓄能材料以及液-气相变蓄能材料等四类。后两类相变方式在相变过程中,伴随着大量气体的存在,使材料体积变化较大。因此,尽管它们相变焓较大,但在实际中很少应用,常用的就是固-固相变蓄能材料和固-液相变蓄能材料。

虽然相变蓄能材料有很多种,但并不是所有相变蓄能材料都可被利用。目前公认的相变材料筛选原则如下:①相变温度在实际应用操作范围内;②潜热储存能力高;③导热率高;④稳定的化学和热性能;⑤无毒,无腐蚀性,对环境无害;⑥成本低,易于获得;⑦相变过程中体积变化小;⑧不发生过冷现象或过冷度很小。目前,大多用的是固-液相变蓄能材料,由于相的改变,通常要对相变蓄能材料进行封装以防泄露。

8.3.3 相变蓄能材料的机理

相变蓄能材料具有在一定温度范围内改变其物理状态,发生吸热和放热反应的能力。当环境温度高于某相变温度时,材料吸收并储存能量,以降低环境温度;当环境温度低于某相变温度时,材料释放储存的能量,以提高环境温度。以固-液相变蓄能材料为例,在加热到熔化温度时,就产生从固态到液态的相变,熔化的过程中,相变蓄能材料吸收并储存大量的潜热;当相变材料冷却时,储存的热量在一定温度范围内要散发到环境中去,进行从液态到固态的逆相变。在这两种相变过程中,所储存或释放的能量称为相变潜热。物理状态发生变化时,材料自身的温度在相变完成前几乎维持不变,形成一个宽的温度平台,虽然温度不变,但吸收或释放的潜热却相当大。

为了进一步提高相变材料的储放热效率,通常要对其进行改性,以提高相变材料的导热性能。相变蓄能材料的传热十分复杂,因为相变过程中会发生固液转变,往往认为相变材料的传热是由对流和热传导共同控制的。提高相变蓄能材料的导热性能通常从以下两方面入手:①对储能装置的改进,如采用翅片来增加其和流体之间的传热面积,或采用多层相变材料组合方式;②对相变材料自身导热性能的改进,添加一些导热率高的材料进行复合,如膨胀石墨、石墨烯等。在相变蓄能材料中加入纳米结构的材料也可以达到这一效果,如碳纳米管、纳米金属粉末、纳米线等。

8.3.4 相变蓄能材料的应用展望

20世纪70年代能源危机以来,相变蓄能的基础和应用研究在世界发达国家迅速崛起并得到不断发展,到今天已经取得了很大的成就,已逐步进入实用阶段,主要用于控制反应温度、利用太阳能、储存工业反应中的余热和废热。低温蓄能主要用于废热回收、太阳能储存及供暖和空调系统。高温蓄能用于热机、太阳能电站、磁流体发电及人造卫星等方面。此外,固-固相变蓄能材料主要应用在家庭采暖系统中;把它们注入纺织物,可以制成保温性能好、负担轻的服装;可以用于制作保温时间比普通陶瓷杯长的保温杯;含有这种相变蓄能材料的沥青地面或水泥路面,可以防止道路、桥梁结冰。

相变蓄能材料一旦装备部队,将是相变蓄能材料的一个重大贡献。军车、军人服装、舰船、潜艇、航天器等各种军事装备,均是相变蓄能材料运用的重要领域,可以极大地提高战斗力和防护能力。其中,在航天领域,由于外太空温度属于极寒或极热环境,对宇航员、航天器的保护要求非常严格,普通材料无法适应如此恶劣的环境,因此,需要特殊材料进行保护。美国和苏联科学家首先研制出相变蓄能材料,在宇航员的服装、返回舱外壳等得以应用。该技术一直处于垄断地位。进入21世纪以来,我国经过科学家的不断努力,已经克服了关键技术部分,开始进行实际应用。因此,相变蓄能材料在工程保温材料、医疗保健产品、航空和航天器材、军事侦察、日常生活用品等方面有广阔的应用前景。

但相变蓄能材料在很多方面还不完善,今后相变蓄能材料的发展主要体现在以下四方面:

1)进一步筛选符合环保、低价要求的有机相变蓄能材料,如可再生的脂肪酸及其衍生物。对这类相变蓄能材料的深入研究,可以进一步提升相变蓄能材料的生态意义。

2)针对相变蓄能材料的应用场合,开发出多种复合手段和复合技术,研制出多品种的系列复合相变蓄能材料是复合相变蓄能材料的发展方向之一。

3)进一步关注高温储热和空调储冷。太阳能热动力发电技术是一项新技术,是最有前途的能源解决方案之一,必将极大地推动高温相变蓄能材料的发展。

4)纳米复合材料领域的不断发展,为制备高性能复合相变蓄能材料提供了很好的机遇。

相变蓄能材料在今后将开发更多的应用领域,最大限度地节约能源、保护环境;应继续开展模拟研究以及与模拟研究相对应的实验研究,尽快使科学理论转化为实际生产力。

8.4 量子伪装材料

量子伪装材料不仅可以避免雷达的侦察探测,还可以实现视觉上的伪装。量子伪装材料是由加拿大生物公司 Hyperstealth Biotechnology 研发,命名为"Quantum Stealth camouflage"(量子伪装材料)。

量子伪装材料通过折射周围光线来实现"完全伪装",其伪装效果如图 8-2 所示。它完全可以在不借助其他技术的情况下实现伪装,甚至可逃过红外望远镜和热力学设备的追踪。这一伪装技术是通过将物体包裹在一种"超频物质"中实现的,这种物质能改变微波的方向,使之绕过物体。超频物质引导光线绕过物体表面,形成了一个空洞,因此光线就接触不到或者说看不到这个空洞里面的物体。研究者指出,非均匀复合材料的电磁特性都可以产生一种折射率可变的物质,阻挡电磁波进入某个区域,从而实现隐形。

图 8-2 伪装效果

由于量子伪装材料可以实现"真正"的伪装,它在军事上具有重要的应用,可以为许多有军事价值的目标实现伪装。Hyperstealth Biotechnology 公司提出,量子伪装材料可以制作成伪装衣,通过折射穿衣者身边的光波,使射到伪装衣的光线流过隐藏的物体,继续向另外的方向传播,因此,伪装衣既不会反射光线,也不会产生影子,从而达到使得穿着这种衣服的人伪装的效果,帮助战场的士兵通过伪装来完成高难度的作战任务。

8.5 多频伪装复合材料

如今,随着全方位探测、监视系统的发展,单一波段的伪装技术已经不能满足作战武器对抗全方位攻击的需求,必须研制兼容性好得多波段伪装材料。多波段伪装材料的基材一般选用伪装网和单兵防护服用合成纤维、聚氯乙烯纤维、聚酯聚合物等。目前,美国、瑞典和德国相继推出了其研制的多波段伪装材料。

8.5.1 可见光、近红外二波段复合伪装织物

美国研制了改进型人造聚酰胺或聚酯聚合物细丝和多丝纱线织成的织物,其中含有含量为$(10\sim150)\times10^{-6}$的炭黑聚合物添加剂。另外,在纱线或织物涂上伪装涂料,可以有效控制可见光和近红外特征,在沙漠、城市和地形复杂的战地环境中实现可见光伪装。

美军士兵系统指挥部(SSCOM)在麻省奈特科的研发工程中心(NRDEC)开发出一种可双面穿的迷彩布料,它正面是4色丛林迷彩纹,反面是3色沙漠迷彩纹。今后还会开发城市迷彩/沙漠迷彩、城市迷彩/丛林迷彩等组合的双面布料。

8.5.2 可见光、近红外、中远红外三波段复合伪装材料

这种伪装材料就是采用在可见光和近红外波段具有低吸收率、在中远红外波段具有较低辐射率的材料,制成的复合结构材料,通过控制目标热源与背景温度差,来避免被光学仪器和热成像系统探测到的技术。美国经过多年研制,推出了以下3种可用于制造伪装网和伪装服的复合结构三波段伪装材料。

1. 半导体/聚乙烯基改性聚合物/金属氧化物复合结构伪装材料

该材料的复合结构包括面层和底层。

1)面层:由高折射率材料膜层和低折射率材料膜层交替叠放,组成复合薄膜系统。高折射率材料膜层,由半导体金属材料(如GA)膜与聚合物(如聚苯乙烯)膜复合而成,其折射率不小于2;低折射率材料膜层,由金属氧化物(如Al_2O_3粉末,其直径为$0.5\sim5~\mu m$)与聚合物(如聚氨酯、丙烯酸)膜复合而成,其折射率

不大于1.5,衰减系数不小于10.3。各个膜层的厚度为红外信号波长的1/4。

2)底层:由聚对苯二甲酸乙二醇酯(或其他高聚物)纤维织成的网状组成,基体中含有可见光吸收涂料。

2. 聚乙烯或聚氨酯等聚合物微孔薄膜/金属涂层/红外透过可见不透过织物复合伪装材料

该伪装复合材料从下到上主要由微孔薄膜、金属涂镀层、疏油层、黏结层、织物层和表面涂覆层组成。微孔薄膜是具有许多三维不规则微孔的特殊结构薄膜,可以由聚乙烯、聚丙烯、聚氨酯和长链聚四氟乙烯等材料制成。微孔的尺寸为 $0.2\ \mu m$,薄膜的厚度为 $25\sim3.175\ \mu m$(包括金属涂镀层的厚度)。可采用溅射镀、化学气相沉积和化学镀等方法,在薄膜上表面、次表面和微孔壁涂镀铝、银、金、铜、锌、钴、镍、铂及其合金等金属层,使薄膜具有 $1\sim6$ 光学密度单位。用聚氨酯黏结剂或其他黏结剂,把涂镀金属层和涂覆疏油层的微孔薄膜与织物层复合为一体。织物层可选择对热红外透明、对可见光不透明的纺织、无纺或编织的聚酰胺、聚酯和聚烯烃等合成材料或者棉、毛、丝及其混合物等天然材料。仪器检验表明,用厚度 $0.025\ \mu m$、微孔尺寸为 $0.2\ \mu m$ 的长链聚四氟乙烯薄膜涂镀金属层和疏油层,然后与其他材料组合成复合材料,可明显减弱热成像和降低可见光表面辐射率。

3. 有色表面涂层/金属层/底层织物复合织物条带

复合织物的结构由下到上分别为织物底层、低辐射率(0.02～0.5)金属层、能透过热红外在可见光、近红外光谱范围内伪装的有色表面涂层。底层采用纺织的尼龙或聚酯材料,可在其上涂镀金属层,最好镀铝。表面涂料由 20%～30%(质量分数)丙烯酸聚合物胶黏剂、35%～40%颜料、35%～40%阻燃剂和 0.08%～0.15%乳化剂组成。该涂料溶于水和氨水组成的混合溶剂。可根据背景环境选择颜料,把该涂料配制成绿色或褐色等颜色。

8.5.3　可见光、近红外、中远红外、雷达波四波段复合伪装材料

要使军事目标在可见光、近红外、中远红外、雷达波段上伪装,伪装材料要满足以下性能:在可见光波段具有较低的吸收率,在红外波段具有较低辐射率,而在微波、毫米波段具有较高的吸收率。

瑞典巴拉库达公司于1996年研制出一种四波段伪装材料,使用铝箔、镀铝塑料薄膜、金属纤维、聚酯或芳纶纤维、碳纤维、钛粉、铝粉和炭黑涂料等材料制成,表面层制成三维U形结构,其基体材料是玻璃纤维。该材料具有下列突出优点:表面颜色与背景颜色匹配,能防可见光和近红外器具探测,其近红外反射值与雷达所在地区的背景条件相同;对毫米雷达波和宽带雷达波具有较高的衰

减吸收能力,对 9 GHz 雷达波吸收不小于 8 dB,对 35 GHz 和 94 GHz 雷达波吸收不小于 9 dB;在中远红外波段,能随环境和目标温度变化随时调节辐射能量,降低目标与背景的热对比度,红外辐射率不大于 0.2,与背景的温度差不大于 4℃。

德国已取得专利权的可见光、近红外、中远红外和雷达波四波段坦克伪装材料是将半导体材料掺入热红外、微波、毫米波透明漆以及塑料或合成树脂胶黏剂中,其可见光颜色及亮度取决于半导体材料和表面粗糙度。

8.6 仿皮肤 3D 硅胶材料

硅胶的化学性质稳定、吸附性能高、热稳定性好、机械强度高,是一种高活性多孔材料。近年来,这种材料也开始与 3D 打印擦出火花,和陶瓷、石墨烯一起,并称为最具市场前景的三大新型 3D 打印材料。仿皮肤 3D 硅胶材料就是硅胶材料在 3D 打印中的一种应用形式,在军事领域中具有较好的应用前景。

8.6.1 硅胶的概念

硅胶又名硅酸凝胶或氧化硅胶,是一种粒状多孔的二氧化硅水合物,属非晶态物质,外表呈透明或乳白色,由硅酸钠加酸后洗涤干燥制得,化学性质稳定,不燃烧。

硅胶应用前景广阔,目前可以用作阻尼减振材料,隔声、隔热材料,精密包装材料,在航天航空、汽车、先进武器、电子工业等方面大显身手。食品级硅胶制品、医疗级硅胶制品、建筑密封胶、隐形眼镜、服装和消费产品层出不穷,它也必将成为 3D 打印硅胶重要的应用点。

8.6.2 硅胶的分类

一般来说,硅胶按其性质及组分不同可分为无机硅胶和有机硅胶两大类。

1. 无机硅胶

无机硅胶是一种高活性吸附材料,通常用硅酸钠和硫酸反应,并经老化、酸泡等一系列后处理过程而制得。硅胶属非晶态物质,其化学分子式为 $xSiO_2 \cdot yH_2O$。不溶于水和任何溶剂,无毒,无味,化学性质稳定,除强碱、氢氟酸外不与任何物质发生反应。各种型号的硅胶因其制造方法不同而形成不同的微孔结构。硅胶的化学组分和物理结构,决定了它具有许多其他同类材料难以取代的特点:吸附性高、热稳定性好、化学性质稳定、有较高的机械强度等。

无机硅胶根据其孔径的大小分为大孔硅胶、粗孔硅胶、B 型硅胶、细孔硅胶。

由于孔隙结构的不同,所以它们的吸附性能各有特点。粗孔硅胶在相对湿度高的情况下有较高的吸附量,细孔硅胶则在相对湿度较低的情况下吸附量高于粗孔硅胶,而 B 型硅胶由于孔结构介于粗孔、细孔之间,其吸附量也介于粗、细孔之间。

无机硅胶根据其用途,还可以分为啤酒硅胶、变压吸附硅胶、医用硅胶、变色硅胶、硅胶干燥剂、硅胶开口剂、牙膏用硅胶等。

2.有机硅胶

有机硅胶是一种有机硅化合物,是指含有 Si—C 键且至少有一个有机基是直接与硅原子相连的化合物,习惯上常把那些通过氧、硫、氮等使有机基与硅原子相连接的化合物也当作有机硅化合物。其中,以硅氧键为骨架组成的聚硅氧烷,是有机硅化合物中为数最多、研究最深、应用最广的一类,占总用量的 90%以上。

有机硅胶主要分为硅橡胶、硅树脂、硅油和硅烷偶联剂四大类。

8.6.3 有机硅胶的性能

由于有机硅胶具有许多优异的性能,所以它的应用范围相对无机硅胶而言更为广泛。

8.6.3.1 耐温特性

有机硅胶是以 Si—O 键为主链结构的,C—C 键的键能为 82.6kcal/g(1kcal/g≈4.187kJ),Si—O 键的键能在有机硅胶中为 121kcal/g,所以有机硅胶的热稳定性高,高温下(或辐射照射)分子的化学键不断裂、不分解。有机硅胶不但可耐高温,而且也耐低温,可在一个很宽的温度范围内使用。无论是其化学性能还是物理机械性能,随温度的变化都很小。

8.6.3.2 耐候性

有机硅胶的主键为 Si—O,无双键存在,因此不易被紫外线和臭氧所分解。有机硅胶具有比其他高分子材料更好的热稳定性以及耐辐照和耐候能力。有机硅胶在自然环境下的使用寿命可达数十年。

8.6.3.3 电气绝缘性

有机硅胶都具有良好的电绝缘性能,其介电损耗、耐电压、耐电弧、耐电晕、体积电阻系数和表面电阻系数等均在绝缘材料中名列前茅,而且它们的电气性能受温度和频率的影响很小。因此,它们是一种稳定的电绝缘材料,广泛应用于电子、电气工业上。有机硅胶除了具有优良的耐热性外,还具有优异的拒水性,这是使电气设备在湿态条件下使用具有高可靠性的保障。

8.6.3.4 生理惰性

聚硅氧烷类化合物是已知的最无活性的化合物中的一种。它们十分耐生物老化,与动物体无排异反应,并具有较好的抗凝血性能。

8.6.3.5 低表面张力和低表面能

有机硅胶的主链十分柔顺,其分子间的作用力比碳氢化合物要弱得多,因此,比同相对分子质量的碳氢化合物黏度低、表面张力弱、表面能小、成膜能力强。这种低表面张力和低表面能是它获得多方面应用的主要原因。

参 考 文 献

[1] 李斌鹏,王成国,王雯. 碳基吸波材料的研究进展[J]. 材料导报,2012,26(7):9-14.

[2] ROSA I M, DINESCU A, SARASINI F, et al. Effect of Short Carbon Fibers and MWCNTs on Microwave Absorbing Properties of Polyester Composites Containing Nickel-coated Carbon Fibers[J]. Composites Science and Technology,2010,70(1):102-109.

[3] WANG W, CAO M H. Ni_3Sn_2 Alloy Nanocrystals Encapsulated within Electrospun Carbon Nanofibers for Enhanced Microwave Absorption Performance,2016(177):198-205.

[4] 赵鹏飞,耿浩然,范浩军,等. 二硫化钼/碳纳米管/丁苯橡胶吸波材料的结构与性能[J]. 材料导报,2020,34(14):14204-14208.

[5] 席嘉彬. 高性能碳基电磁屏蔽及吸波材料的研究[D]. 杭州:浙江大学,2018.

[6] 陈明东,揭晓华,於黄忠,等. 碳纳米管/钴铁氧体复合材料的吸波性能及其优化[J]. 人工晶体学报,2015,44(2):487-492.

[7] 翁兴媛,陈宏伟,马志军,等. 不同稀土Nd^{3+}掺杂含量对锰锌铁氧体吸波性能的影响[J]. 硅酸盐通报,2019,38(11):3392-3396.

[8] 范明远. 羰基铁粉/热塑性树脂复合材料的制备及其吸波性能研究[D]. 上海:东华大学,2019.

[9] 郝婧,曹雪媛,潘凯. 碳化硅纳米纤维的制备及电磁波吸收性能[J]. 高分子材料科学与工程,2020,36(2):127-132.

[10] 王庆禄,王莉,李雍,等. 钴-铁沉积碳化硅颗粒及其吸波性能[J]. 表面技术,2020,49(2):68-74.

[11] 刘渊,何祯鑫,牛梓蓉. $Sr_{0.8}Re_{0.2}Fe_{11.8}Co_{0.2}O_{19}$(Re=La,Nd)的制备、表征及吸波性能[J]. 中国有色金属学报,2020,30(2):341-347.

[12] 刘虎腾,周克省,邓联文,等. 稀土La^{3+},Ce^{3+}配合视黄基席夫碱盐的制备与吸波性能[J]. 航空材料学报,2018,38(2):104-109.

[13] 刘日杰. 聚苯胺基复合材料的防腐吸波性能研究[D]. 扬州:扬州大学,2018.

[14] 吕绪良.伪装材料[D].南京:中国人民解放军工程兵工程学院,1989.
[15] 王家营.伪装材料与器材[M].北京:蓝天出版社,2015.
[16] 严群.材料科学基础[M].长沙:国防工业出版社,2009.
[17] 郝建民.机械工程材料[M].西安:西北工业大学出版社,2003.